U0628663

古树名木
保护与管理

主编 谢兴刚 任高 齐文华

山西出版传媒集团 山西人民出版社

图书在版编目（ＣＩＰ）数据

古树名木保护与管理 / 谢兴刚，任高，齐文华主编．
太原：山西人民出版社，2024.8. -- ISBN 978-7-203
-13217-2

Ⅰ. S717.225

中国国家版本馆CIP数据核字第2024HG4729号

古树名木保护与管理

主　　编：谢兴刚　任　高　齐文华
责任编辑：孙　琳
复　　审：刘小玲
终　　审：梁晋华
装帧设计：昭惠文化

出 版 者：山西出版传媒集团·山西人民出版社
地　　址：太原市建设南路21号
邮　　编：030012
发行营销：0351—4922220　4955996　4956039　4922127（传真）
天猫官网：https://sxrmcbs.tmall.com　电话：0351—4922159
　E—mail：sxskcb@163.com 发行部　sxskcb@126.com 总编室
网　　址：www.sxskcb.com

经 销 者：山西出版传媒集团·山西人民出版社
承 印 厂：山西辰昱印务有限公司

开　　本：720mm×1020mm　1/16
印　　张：14.5
字　　数：230千字
版　　次：2024年8月 第1版
印　　次：2024年8月 第1次印刷
书　　号：ISBN 978-7-203-13217-2
定　　价：70.00元

如有印装质量问题请与本社联系调换

— 编 委 会 —

主　编

谢兴刚　任　高　齐文华

副主编

胡旭明　姜向东　程玉林　付　荣
武　星

编委会成员

黄红丽　苗　峰　胡二红　谢　娜
史　菲　李　胜　白雪婷　冯大钧
李　擘　方建忠　郭胜涛　李　芳
冀子俊　李娟莉　史江雄

顾　问

丛日晨　王志刚

序　言

巍巍华夏，江山如画，历经沧桑，五千年载。夫源远流长者，皆已逝然；唯有古树，根深叶茂益健在。古树名木珍贵之处在于"古"，它们是大自然和祖先留给我们的珍贵宝藏，是林木资源的宝贵财富，是活着的历史文物，是极具特色的"自然史书"，具有极高的科学、历史、文化、社会、观赏及经济价值，更是生物多样性保护工作的重要组成部分。

古树名木保护涉及植物学、植物生理学、土壤学、植物保护、生态学等多学科，涵盖园林工程设计、园林工程施工组织与管理、园林设施安装与安全检查、园林检测与化验、智能设施应用等多领域，专业性极强。

保护古树名木应遵循自然之法。中国古人历来尊崇"天人合一"，对自然界的观念就是遵循规律，不加破坏，和谐共处。唐宋八大家之一的柳宗元任柳州刺史时，撰写《种树郭橐驼传》，书中总结出种树的一般规律："能顺木之天，以致其性焉尔。""凡植木之性，其本欲舒，其培欲平，其土欲故，其筑欲密"。古树名木保护必须遵循其生长习性，违背其自然生长规律必然会造成严重后果。"虽曰爱之，其实害之；虽曰忧之，其实仇之。"国内一些地方因盲目进行古树保护施工，而造成人为破坏的事件，令人痛心不已！

此书编者及其团队十余年长期从事古树保护工作，这本书是他们长年累月积累的科学研究与实践成果的结晶，也是他们多年工作经验与教训的总结与提炼。这本书以专业性、实用性为出发点，全面论述了古树保护工作的主要问题和解决方法，以严谨科学的语言，图文并茂的方式展现给读者，对古树保护具有重要的实践指导价值。

2023 年 7 月

前　言

"问我祖先何处来，山西洪洞大槐树。祖先故里叫什么，大槐树下老鸹窝……"一曲歌谣道尽无限乡愁。故乡的老槐树啊，多少人心中乡甜美的、模糊的记忆！历史沧桑的阡陌变迁，唯有古树是不变的传承与记忆。

2013年12月，在中央城镇化工作会议上习近平同志强调："要体现尊重自然、顺应自然、天人合一的理念，依托现有山水脉络等独特风光，让城市融入大自然，让居民望得见山、看得见水、记得住乡愁。""乡愁"的寄托之一就是古树名木，古树名木也是集历史文化遗产和生态环境保护的统一者。历史文化遗产承载着中华民族的基因和血脉，不仅属于我们这一代人，也属于子孙万代。要敬畏历史、敬畏文化、敬畏生态，保护好古树名木显得尤其重要。国家对古树名木的重视已经上升至立法阶段，2023年9月25日，国家林草局向社会发布《古树名木保护条例（草案）》意见征求稿，根据当今社会发展形势，从立法角度强制性规定了古树名木保护的方方面面，预计2024年10月国务院就会正式发布实施该条例。该条例的颁布健全和完善古树名木保护法律法规，提高了依法行政、依法治理能力和水平，促进了全社会共同关注古树名木保护事业。2023年11月20日，国家文物局、国家林草局和国家住房和城乡建设部联合发文，要求各地相关政府部门，提高政治站位，要高度重视古树名木的保护工作，协同做好古树名木的全面保护和科学管理。

古树名木是大自然留给人类的珍贵遗产，见证着一座城市的历史文化，昭示着一座城市的自然文化底蕴，具有极为重要的生态、社会、历史文化价值。古树名木既是自然之物，也是悠久历史留给我们的宝贵遗产。它是人类活动和社会发展进程的"活的见证者"，其丰富的文化内涵让观者叹为观止。

图1　1902年法国记者拍摄的山西晋祠周柏　　图2　2023年拍摄的山西晋祠周柏

古树名木亦是上苍赐给人类的宝贵财富。枝枝叶叶往往透露出一个地区成百上千年的气候、水文、地理等变化信息，诉说着自然界的神奇变化，成为物候研究的活样本。古树名木是城市生态的重要组成部分，是地域文化的典型代表。在建设生态文明、弘扬生态文化的城市建设中，古树名木对优化城市绿色资源、展现城市记忆具有积极作用。作为不可再生的宝贵资源，保护古树名木对城市可持续发展具有重要意义。

本书涉及的古树名木的相关图片、数据、案例、法律法规等多以山西省太原市为例，适用范围仅限于华北地区古树名木保护工作，供大家参考。至2021年，太原市建成区范围内统计古树名木共计1377株，相比其他省会城市古树数量虽不多，但其中不乏精品古树，甚至在全国范围内都具有很大的知名度。例如：晋祠圣母殿北侧千年古树"卧龙周柏"，被列为晋祠三绝之一。它形似卧龙，树身向南倾斜，与地面成45度角，形若游龙侧卧，人们以卧龙之名尊称。此树为太原市2500余年建城史提供了一个有力的佐证。经专业测定：该周柏已有3000年了。这株古柏，与晋祠齐年，因而又名为齐年柏、撑天柏。支撑卧龙周柏的古柏也同样历史悠久，估测树龄在2600年以上，又名长龄柏（见图1，图2）。晋祠博物馆王琼祠前的一雄一雌银杏树（见图3），胸围分别为4.15m、6.50m，至今枝繁叶茂，相传为明代重臣王琼希望后代子孙能像文学理论家刘勰一样发奋读书，在银杏树下写出传世佳作，可谓用心良苦。1959年郭沫若先生游览晋祠后，留下"隋槐周柏矜高古，宋殿唐碑竞炜煌"的诗句，高度赞颂了晋祠内的古树。距离晋祠仅0.5公里的赤桥古村，有一株胸围7.6m的"社树"古国槐，估测树龄2800年以上，至今枝繁叶茂，

图3　晋祠王琼祠堂前雌雄银杏

图4　太原市晋源区赤桥村"社树"古槐

图5 太原市王家庄村"母子槐"

蔚为壮观（见图4）。万柏林区王家庄村中央的古槐游园，有一株历经2200多年风雨的国槐古树，胸围7.5m，胸径2.4m，6个成年人拉手抱住它也不容易。该树树型完整，树中又有一胸围2.4m的古槐，两树合一，被人们尊称为"母子槐"（见图5）。晋源区天龙山仙居园公墓中的"槐树王"胸围达到9.1m（为中国最粗的国槐之一，见图6）。太原狄村唐槐公园中有一棵据说是唐朝名相狄梁公狄仁杰母亲亲手栽植的古国槐，胸围达8.6m，至今枝繁叶茂（图7，1902年法国记者拍摄；图8，2022年拍摄）。天龙山圣寿寺门前的蟠龙松（中国四大蟠龙奇松之一），树冠达到200m²，在明代就成为天龙山的第四大景观而声名鹊起（图9）。太原双塔寺景区中的明代"紫霞仙子"牡丹仍争奇斗艳，为世人所惊叹。尖草坪区阳曲镇西岗村菜斋沟的白衣寺旧址，新发现一株胸径将近1m的文冠果树（图10），距古树50m处有一破损清代石碑，寺内《重修菜斋沟白衣寺并重建菜斋神洞碑序》描述"南殿钟楼各一间，两旁禅洞各数间，树称木瓜，茂于禅院，势若蟠龙，极其古致……望之蔚然而荣秀，惟大山门乃乾隆三十三年建也，自康熙初年以迄于今。"据考证此古文冠果树龄应在500~600年之间，属一级保护古树，在全国也属罕见。

"古树名木复壮及保护"是太原市园林科创服务中心的一项重要工作职能。太原市园林科创服务中心自20世纪90年代就开始从事古树名木保护工作，已有三十余年历程。其中2007年至2021年，太原市园林科创服务中心共

图7　1902年法国记者拍摄的太原唐槐

图8　2022年拍摄的太原唐槐

图6　太原市天龙山"槐树王"

图9　太原市天龙山"蟠龙松"

图10　太原市阳曲镇西岗村菜斋沟白衣寺旧址文冠果古树

完成国槐、侧柏、油松、榆树、桧柏、白皮松、青桐、皂角、玉兰、枣树、酸枣、河柳12个树种621棵古树的复壮、防腐、修补树洞等多项保护工作，积累了丰富的技术经验，中心也建立起一支人员年龄学历优化、技术稳定成熟的古树保护科研与施工队伍。此外，我中心开展了多项古树名木相关的科研课题研究、生理指标检测、实用技术开发、行业标准编制、档案资料汇编、科研论文发表等多项工作，并取得了省级科研成果推广奖、国家级实用新型发明专利、省住建厅行业标准发布、多棵古树优良基因资源保存、古树名木智慧信息化管理系统、国家级园林核心期刊论文发表等诸多业绩成果。

作为太原市的园林人，古树名木的守护者，我们更应加强对古树名木的日常养护管理，提升管护保护水平，这是一项"功在当代，利在千秋"的大事，更是我们这代人的使命。

本书编写注重实用功能，将古树名木保护工作中遇到的实际问题和解决方法竭尽所能予以说明和解释。由于编者自身学识能力和编写时间所限，错误疏漏在所难免，唯望读者不吝指正，不胜感激。

本书在编写过程中得到了太原市园林局及各下属单位的鼎力支持和大力帮助，特别是得到了古树保护专家丛日晨博士的悉心指导，在此谨表谢忱！

2024年3月18日

目　录

第一篇　古树名木保护基础知识

一、古树名木相关概念

（一）古树名木的定义

《城市古树名木保护管理办法》规定：古树是指树龄在100年以上的树木。名木则是指国内外稀有的以及具有历史价值和纪念意义及重要科研价值的树木。

《古树名木鉴定规范（LY/T2737-2016）》规定：古树是指树龄在100年以上的，且具有重要科研、历史、文化价值的树木。名木是指在历史上或社会上有重大影响的中外历代名人、领袖人物所植或者具有极其重要的历史、文化价值、纪念意义的树木。

《太原市古树名木保护条例》第三条规定：本条例所称古树，是指树龄在100年以上的树木。名木，是指树种稀有或者具有重要历史、文化、科学研究价值和特殊纪念意义的树木。古树名木属于珍贵树木。

— 延伸阅读 —

中外国家领导人栽的树都是名木吗？

名木，既可指人文范畴，名声大，很具知名度；又可指种群的稀缺性，如濒临灭绝的树种；也可指其特殊性，如树木形态的特殊、生长地区的稀有等。总之，名木的涉及面非常广，但凡符合下列四个条件之一的即可称为名木：一是具有重要的历史、文化价值、纪念意义的，如外国领导人来访栽植的"友谊树"，国家领导人为特殊事件栽植的纪念树等，此处所指的国家领导人是指国家主席、总统及政府总理；二是树种珍稀，国内外罕见的；三是树形奇特，国内外罕见的；四是产地独有，国家规定的重点保护树种的。

（二）古树群的定义

《城市古树名木养护和复壮工程技术规范（GB/T 51168 –2016）》条文说明中规定：是指集中分布10株以上，植株之间的分布距离不做统一规定，可由各地根据群株古树名木的环境条件等因素确定。

《古树名木生长与环境监测技术规程（LY/T2970-2018）》规定：是指在一定区域范围内由一个或多个树种组成，相对集中生长、形成特定生境的古树群体。

— 延伸阅读 —

超过100年的果树都是古树吗？

关于采果类高龄树是否列入古树名录，学术界一直有着巨大的争议。总结各地的规定，分成以下几种情况：

1.《北京市古树名木评价规范（DB\T428-2022）》规定：普遍种植以采果为目的的经济树种（枣树除外）和无突出历史、文化价值的杨属柳属树种原则上不确认为古树。部分承载着历史、文化、乡愁，在北京市具有一定代表性的濒危物种、种质资源、地理标志、产地标志等经济树种的珍贵单株，经论证后按程序纳入古树保护范围。

2.《宁夏回族自治区古树名木保护管理条例（2021）》中第二十一条规定：古树名木经济果树，在同级古树名木行政主管部门技术人员指导下采摘果实种子。

3.太原市将部分具有一定历史文化、地理方位有着重要价值的枣树等经济树种列入古树名录。

4.广州市的古树中，如荔枝、龙眼、乌榄等古树数量非常多，荔枝古树数量仅次于榕树而位居第二，也正在探索把超过100年的珍贵、稀有且有珍贵意义的单株纳入本地区保护范围内。

（三）古树名木的分级

目前，关于古树名木分级采用的标准主要有两种，分别如下：

古树名木的划分标准主要有二级划分和三级划分两种。这两种划分依据主要是古树名木的生长位置及环境而定。

若古树生长在建成区范围内，受到人为影响更大，古树名木留存更为困难，所以古树分级的树龄相对较小，国家各级城市建设或园林管理部门多采用二级划分标准。

若古树名木生长在非建成区范围内，其受到人为破坏的影响较小，存活保存的概率更大，故国家及地方林业和草原局、全国及地方绿化委员会多采用三级划分标准。

1. 二级划分标准

《城市古树名木保护管理办法》做出规定：古树名木分为一级和二级。

凡树龄在300年以上，或者特别珍贵稀有，具有重要历史价值、纪念意义和重要科研价值的古树名木为一级古树名木；其余为二级古树名木。

《山西省城市古树名木和城市大树保护管理办法》（2022年8月1日颁布实施）规定：本省对城市古树名木、古树后备资源和城市大树实行分级保护。对名木和树龄在300年以上的古树实行一级保护。对树龄在100年以上300年以下的古树，实行二级保护。对古树后备资源实行三级保护。对城市大树实行四级保护。

2. 三级划分标准

《全国古树名木普查建档技术规定》（2021年1月30日最新更新）做出规定：第四条：古树名木的分级标准：古树分为国家一、二、三级，国家一级古树树龄500年以上，国家二级古树300~499年，国家三级古树100~299年，国家级名木不受年龄限制，不分级。

《古树名木鉴定规范（LY/T2737-2016）》条文做出如下规定：①古树分级：古树分为国家一、二、三级，国家一级古树树龄500年以上，国家二级古树300~499年，国家三级古树100~299年。②名木范畴：国家级名木不受树龄限制，不分级。

（四）古树名木保护范围

1.古树名木单株保护范围划定

《太原市古树名木保护条例》规定：散生古树名木的保护范围为树冠垂直投影向外5m，树冠偏斜的，还应按根系生长的实际情况，设置相应的保护范围。

《山西省城市古树名木和城市大树保护管理办法》规定：

古树名木的保护范围为不小于树冠垂直投影外5m且距树干不小于10m。

2.古树名木群株保护范围划定

《太原市古树名木保护条例》规定：古树名木群保护范围界定为树冠投影外延5m，此范围内应尽量保证树体的原生环境不受影响。可以构建保护范围框架，立牌界定范围，安装保护围栏等。

二、古树名木的价值

（一）古树名木的生态价值

运用生态学中"三维绿量""叶总量"等指标可以量化古树名木的生态价值，并反映出其生态价值的丰富性。古树树体高大，冠幅开展，计算叶面积有几十平方米到几百平方米不等。在同等占地面积下，古树名木与一般绿地相比，其生态效应高几倍乃至几十倍不等。

古树名木所发挥的生态价值远远超过新种植的树木。古树名木是一种生命形态，不仅树龄长，而且通常具有体型大的特征。在其年复一年的生长过程中，郁郁葱葱的古树与茂盛的草木之间形成良好的相互依存关系，与周边生物形成了成熟的、相对稳定的生态系统，所发挥的生态平衡价值远远超过新栽植树木。一旦古树名木遭到人为破坏，就会造成其周边的生态系统的失衡，这是新种植树木所难以弥补的。

所以说，古树名木的生态价值具有其特有的丰富性。

（二）古树名木的自然文化景观价值

古树名木景观，可称之为自然文化景观。古树名木作为自然文化景观，具备了其他景观难以同时具有的突出特点：一是百年以上的树龄，二是美妙的形态，三是曲折的历史，四是美丽的传说，五是特定的环境。五者皆俱，成为城市的稀缺景观资源。

古树名木，不论在城市还是在乡村，不论是在风景名胜还是在城乡街道，它们不仅仅是自然景观，更是人文景观，都能给人以强烈的视觉冲击力和无限的想象力。每一株古树都经历了百年甚至千年的风雨洗礼，自然的雕琢形成了古树古朴、苍劲、奇特的树姿形态。每一株古树或多或少都流传着脍炙人口的传说，或蕴含着引人入胜的故事，抑或是见证着一段特殊意义的情感。散布在城市、乡村的古树名木，本身就是具有强烈地域文化特征的人文景观。

（三）古树名木的科学研究价值

古树在一个地区生长百年甚至千年，历经岁月考验，依然枝繁叶茂，必有其深刻的科学机理。

首先，古树名木具有自然科学研究价值。古树名木强大的生命力，无不展示出该树种对该区域土壤、气候等自然环境的强大适应力，证明了该树种的优良性状表现；从现代基因遗传学来看，古树名木所具有的良好抗逆性，必定经过多年自然选择而留存下来的珍贵树种基因资源，对植物学、植物遗传学等学科研究都有着非常重要的价值，尤其是一些古老孑遗植物，如银杏、水杉等被称为"活化石"的植物；从物候学的视角看，古树本身的年轮结构记录着当地不同空间尺度的温度变化和湿热气象变化，根系的扎根分布显示着当地的地质变化，所以研究古树名木也是研究古地理、古物候的重要佐证和补充。

其次，古树名木的社会科学研究价值也极高。将古树名木的生长放到社会历史中去考察，不仅可以找到古树名木作为历史遗存的深刻社会原因，为今天进一步保护及抢救提供决策依据；而且通过挖掘其背后的历史与人文故事，为一城一地的文化建设服务，使其成为充满乡愁的城市记忆。

（四）古树名木的经济价值

经济价值有多种体现，以其产生经济价值的直接程度，可以分为直接经济价值和间接经济价值。就其直接经济价值而言，很多古树名木本身就是经济树种，如银杏、酸枣、枣树、核桃等的果实深受民众的喜爱，在一些传统果树种植区，古果树每年都可带来丰厚的经济收入，具有很高的经济价值；许多古树名木位于风景名胜区内，成为重要的景观，这种间接的经济价值更是难以估量。

三、古树名木保护的原则

（一）全面保护原则

古树名木是不可再生的稀缺资源，是自然或祖先留下的宝贵财富，必须做好全面普查工作，摸清资源家底和保护现状，逐步将辖区范围内应保护的所有古树名木资源全部纳入古树名木名录和保护范围内，做到应保尽保。

（二）原地保护原则

原地保护是古树名木保护的最重要的原则之一。俗语说"人挪活，树挪死"，古树名木在原地生活成百上千年，已经完全适应了当地的土壤环境、气候环境和周边环境，原地保护是对古树名木保护的最有效方式，是确保古树名木正常生长发育的最重要保障。

全国绿化委员会《关于进一步加强古树名木保护的管理意见》中明确规定：古树名木应原地保护，严禁违法砍伐或者移植。《太原市古树名木保护条例》第二十条规定：散生古树名木的保护范围为树冠垂直投影向外5m，树冠偏斜的，还应按根系生长的实际情况，设置相应的保护范围。古树群的保护范围为林沿向外5m。古树名木保护范围内不得进行与古树名木保护无关的项目建设。《太原市古树名木保护条例》第二十一条规定：规划部门在编制城乡控制性详细规划时，应当依据保护技术规范合理避让古树名木，并在古树名木周围划出一定的建设控制地带，保护古树名木的生长环境和风貌。《太原市古树名木保护条例》第二十三条规定：禁止移植特级、一级保护古树以及名木。实际工作中要严格落实《太原市古树名木保护条例》规定，划定古树名木保护的红线范围，确保古树名木就地保护原则落实。

统筹城乡规划与古树名木保护，城乡建设应当采取避让措施，为古树名木保留充足的生长空间。规划部门在编制城乡控制性详细规划时，应当依据古树名木保护法律法规及保护技术规范，合理避让古树名木，并在古树名木周围划出一定的建设控制地带，保护古树名木的生长环境和风貌。确实无法避让的，要经过政府主管部门审批方可实施。在实施过程中应当制定科学的移植保护方案，经过专家充分论证后选择技术水平高、经验丰富的技术队伍操作。严格保护古树名木的生长环境，设立保护标志，完善保护设施。

（三）分级保护原则

根据《全国古树名木普查建档技术规定》《山西省城市古树名木和城市大树保护管理办法》的规定：古树名木实行分级保护。但是分级的标准和保护内容有一些差别，具体详见如下：

1. 《全国古树名木普查建档技术规定》做出规定

古树名木实行分级保护。树龄在500年以上的，实行一级保护；300年以上不足500年的，实行二级保护；100年以上不足300年的，实行三级保护。国家级名木不受年龄限制，不分级，实行一级保护。

一级保护：一级古树由省、自治区、直辖市人民政府确认，报国务院建设行政主管部门备案。

二级保护：二级古树由城市人民政府确认，直辖市以外的城市报省、自治区建设行政主管部门备案。

三级保护：三级古树由区县人民政府确认，报市级人民政府建设行政主管部门备案。

2. 《山西省城市古树名木和城市大树保护管理办法》规定

对名木和树龄在300年以上的古树实行一级保护；对树龄在100年以上300年以下的古树，实行二级保护；对古树后备资源实行三级保护；对城市大树实行四级保护。

对名木和树龄在300年以上的古树实行一级保护。实行一级保护的古树名木由所在地城市园林绿化主管部门组织鉴定，报设区的城市园林绿化主管部门、省住房和城乡建设厅审核，经省人民政府确认后向社会公布，并报国家住房和城乡建设部备案。一级保护的古树名木至少每3个月检查一次。

对树龄在100年以上300年以下的古树，实行二级保护。实行二级保护的古树由所在地城市园林绿化主管部门组织鉴定，报设区城市园林绿化主管部门审核，经设区市人民政府确认后向社会公布，并报省住房和城乡建设厅备案。二级保护的古树至少每6个月检查一次。

对古树后备资源实行三级保护。实行三级保护的古树后备资源由所在地城市园林绿化主管部门组织鉴定、审核，经同级人民政府确认后向社会公布，并报设区市城市园林绿化主管部门备案。三级保护的古树后备资源至少每年检查一次。

对城市大树实行四级保护。实行四级保护的城市大树由所在地城市园林绿化主管部门组织鉴定、审核，建立档案。四级保护的城市大树至少每年检查一次。

（四）抢救保护原则

古树名木生长势在短时间内发生急剧衰退，或者由于某种原因造成树体发生严重损坏的，这些情况发生后应立即开展紧急抢救。在紧急抢救之前应制定古树名木抢救复壮方案，方案经过专家评审后，古树名木管理政府部门通过招标或委托方式，允许具有丰富古树保护经验的施工队伍进场施工。为确保古树名木生长势稳定或树体安全，施工过程中应采取一系列必要的临时性保护措施，针对性地开展抢救复壮工作。

制定古树名木抢救保护方案应严谨科学，按照相应程序开展工作。一级古树或名木发生问题，聘请专家应从国内古树保护知名专家序列中选择至少一人，省级古树保护知名专家至少两人组成专家组（专家组成员不少于七人）论证研讨古树名木抢救方案；二级古树发生问题，聘请专家应从省内古树保护知名专家序列中选择至少一人，市内古树保护知名专家至少两人组成专家组（专家组成员不少于五人）论证研讨古树名木抢救方案。

担任古树名木抢救方案论证专家应是高级工程师以上职称，直接从事古树保护工作至少五年，且具有丰富的古树保护工作经验和知识积累方可担任。

（五）依法保护原则

加强古树名木保护立法，健全法规制度体系，依法保护，严格执法，提升法治化、规范化管理水平。在古树名木保护管理方面国家也制定了相应的法律、法规、条例。1982年，国家城建部首次印发了《关于加强城市和风景名胜区古树名木保护管理的意见》；1992年国务院颁布了《城市绿化条例》；2000年，国家城建部又颁布了《城市古树名木保护管理办法》，进一步对古树名木保护管理进行详细规定；2001年全国绿化委员会制定了《全国古树名木普查建档技术规定》。

目前新修订的《中华人民共和国森林法》《中华人民共和国森林法实施条例》《城市园林绿化条例》《风景名胜区管理条例》《中华人民共和国环境保护法》等也都涉及古树名木保护管理。

山西省也出台了地方性的古树名木保护相关条例、规范等。2016年，山西省住房和城乡建设厅、太原市园林科创服务中心共同制定了园林绿化行业技术标准《古树名木保护技术规程（DBJ04-265-2016）》。山西省绿化委员会于2015年1月30日出台了林业行业的《古树名木保护技术规范（DB14/T868-2014）》《古树名木养护管理规范（DB/T973-2014）》两项地方标准。其他相关政策有：《山西省绿化实施办法》（1996年），《太原市城市绿化条例》（2001年），《太原市园林绿化养护管理标准（试行）》（2013年）。《太原市城市绿化条例》经过三次修订，最新版本为2021年1月1日颁布实施。《太原市城市绿化条例》从太原实际出发，突出地方特色，其中第五条规定："城市绿化应当保护和利用原有山体、湿地、古树名木以及历史文化遗址等自然、人文资源，形成具有太原历史文化特色的生态园林。"但是，该条例只是侧重于城市绿化建设方面，对古树名木保护只是稍有提及，未能全面细致地涵盖古树保护的方方面面。经过太原市各方面的不懈努力，2014年5月颁布实施《太原市古树名木保护条例》，以法律的形式确定了古树受保护的地位。山西省政府2022年8月1日颁布实施《山西省城市古树名木和城市大树保护管理办法》，从立法角度对保护山西省古树名木具有重要的意义。

加强古树名木保护执法监管力度，严厉打击破坏古树名木的生长环境和保护设施的恶劣行为，加大对盗挖盗伐、违法移植古树名木的违法行为，做到有法可依，执法必严，违法必究。

（六）政府主导原则

建立健全政府主导，园林绿化主管部门、绿化委员会组织领导，部门分工负责的保护管理机制。充分发挥地方各级政府及园林主管部门、绿化委员会等基层组织的职能作用，切实将古树保护相关政策及具体保护措施落实到位，保证古树名木在政府的全程监督和管理之下。依据《城市古树名木保护管理办法》规定，国务院建设行政主管部门负责全国城市古树名木保护管理工作。省、自治区人民政府建设行政主管部门负责本行政区域内的城市古树名木保护管理工作。城市人民政府城市园林绿化行政主管部门负责本行政区域内城市古树名木保护管理工作。城市人民政府园林绿化行政主管部门应当对本行政区域内的古树名木进行调查、鉴定、定级、登记、编号，并建立档案，设立标志。城市人民政府园林绿化行政主管部门应当对城市古树名木，按实际情况分株制定养护、管理方案，落实养护责任单位、责任人，并进行检查指导。

按照依法履职、权责明确、科学公正、公开透明的原则，实行四级管理、常态检查、量化考核、奖优罚劣的监管考核要求。定期组织开展古树名木保护工作落实情况的督促检查和执行情况动态巡查。检查考核结果作为市、区古树名木行政主管单位有关奖励、考核、补助等依据。对古树名木保护工作成绩突出、效果显著的，予以表彰奖励；对保护意识不强、责任落实不到位、不担当、不作为的，予以通报批评。

（七）属地管理原则

县级以上园林主管部门或绿化委员会统一组织本行政区域内古树名木保护管理工作。县级以上林业、城市绿化等主管部门分工负责。古树名木保护管理工作实行专业养护部门保护管理和单位、个人保护管理相结合的方式。

生长在城市的绿地、公园等的古树名木，由城市园林绿化管理部门保护管理；生长在铁路、公路、河道用地范围内的古树名木，由铁路、公路、河道管理部门保护管理；生长在风景名胜区内的古树名木，由风景名胜区管理部门保护管理；散生在各单位管界内及个人庭院中的古树名木，由所在单位和个人保护管理。变更古树名木养护单位或者个人，应当到城市园林绿化行政主管部门办理养护责任转移手续。

古树名木日常养护管理原则上应由专业园林绿化养护单位实施完成。

（八）避让保护原则

《城市古树名木保护管理办法》第十四条规定：新建、改建、扩建的建设工程影响古树名木生长的，建设单位必须提出避让和保护措施。城市规划行政部门在办理有关手续时，要征得城市园林绿化行政部门的同意，并报城市人民政府批准。

开展建设项目避让保护古树名木申报制度。建设项目建设范围包含古树名木保护范围的，建设单位应向古树名木主管及审批部门申报相关手续，待核实批准后方可进行下一步程序。

受理及审批环节主要有受理、初审、复审、审定、决定书制作、送达六个步骤。

1.受理

建设单位应向古树名木主管单位申报如下资料：①《建设项目避让保护古树名木措施申请表》；②工程建设项目批准文件及相关材料；③×××市规划委员会建设工程规划许可证及附图；④工程建设项目避让保护古树名木实施方案（实施时间、具体保护措施等）。

2.初审

受理人员将报送申请材料移送至古树名木主管及审批部门审核人员，然后组织专家审议，依据古树名木相关法律条文对提出的避让措施进行全面审核，并组织现场核查，填写《×××市园林局行政许可审查记录》及专家意见。

3.复审

对审核人员移送的申请材料递送至古树名木保护主管审批处室进行审核，在《×××市园林局行政许可审查记录》填写书面审查意见，与审核人意见一并转至审定人员。

4.审定

审定人对该事项进行审定，在《×××市园林局行政许可审查记录》签署审定意见。

5.决定书制作

对经审定后做出许可决定的，填写《建设项目避让保护古树名木措施行政许可证》；对审定后做不出许可决定的填写《不与许可决定书》。证书填写齐全、准确和规范。

6.送达

送达申请人相关决定书。

（九）科学管护原则

开展古树名木保护管理科学研究，积极推广应用先进的管护技术，建立健全技术标准体系，提高管护科技水平。古树名木科学管护的关键在于充分地把握古树名木树种的生长习性，准确把握古树名木衰弱的真正原因，根据致使其衰弱的外界因素并采取有效措施及时应对。古树名木日常养护管理及保护施工应按照"一树一档"的原则进行，根据不同树种、不同立地环境、不同土壤环境、不同古树衰弱原因对症下药，切勿盲目保护。否则，脱离科学管护原则的乱施工保护会造成古树名木的二次伤害，把古树名木保护变成古树名木伤害，这样的教训不胜枚举，应当引起政府管理部门的高度重视，并采取切实有效的办法减少非科学性的古树名木保护，使得古树名木保护的方案科学严谨，施工工程严格按照方案及相关技术标准执行，监督管理落到实处。

（十）社会参与原则

要创新管理模式，通过公开招投标模式，引入专业公司进行市场化养护管理及保护施工。政府需要加强常态监管和动态考核。例如：《山西省城市古树名木和城市大树保护管理办法》中提出："鼓励单位和个人向所在地的园林绿化主管部门报告未登记的古树资源，经鉴定属于城市古树名木的，给予表彰或奖励。同时鼓励单位、个人以认养、捐资形式参与保护管理。"

又如：太原市政府近几年开始重视全社会参与古树名木保护的公益事业，举办多场活动宣传古树名木保护。2019年3月12日，第41个全民义务植树节之际，太原市各界人士北山义务植树活动暨"留住乡愁"古树名木认养项目启动仪式在太原市阳曲县"互联网+全民义务植树"北山基地召开，现场启动了"留住乡愁"古树名木认养项目。2022年9月29日，太原市古树名木保护科普宣传周启动仪式在狄仁杰文化公园举行，主题为"保护古树名木，共享绿水青山"。在宣传活动中，工作人员向市民发放古树名木保护和太原市创森工作宣传册，邀请市民参观龙城古树摄影展，一起感受古树名木浓厚的文化底蕴和魅力。举办科普宣传周主题宣讲《读懂你，就读懂了发展的明天——我和古树的故事》，组织小朋友一起体验唐槐叶拓手绢制作，从小培养孩子们保护古树，植绿、爱绿、护绿，热爱太原的意识。

第二篇　古树名木普查及档案管理

一、古树名木普查的意义

中华人民共和国建设部2000年9月1日颁布实施了《城市古树名木保护管理办法》（建城〔2000〕192号），办法指出：要为古树名木进行调查、鉴定、定级、登记、编号，并建立档案，设立标志。

由于诸多因素威胁着城市古树名木的正常生长，城市古树名木资源现状的科学调查工作迫在眉睫。正确认识城市古树名木资源现状调查的重要性，将城市所属范围内的全部古树名木的生存现状进行调查，并为每一株古树名木建立起技术档案，从而为政府部门的古树名木保护政策制定提供科学的数据、资料支撑作用，才能将有限的保护经费进行合理分配，真正实现古树名木及时、高效、科学的有效保护。

二、建档调查前准备工作

（一）收集相关资料

古树相关资料收集是建档调查前的重要准备工作，主要收集园林部门及林业部门以往的古树档案资料（图片、书籍、技术档案、资料汇编、调查研究报告等），以及近期内上报的新发现古树资料。

（二）组织建立古树调查队伍

古树调查需要成立调查组。例如：太原市园林局每次对古树名木建档调查都会从局下属单位抽调技术人员组成若干古树调查队，调查队成员一般为负责人1名，调查人员6名（记录员1名，测量人员4名，拍照人员1名），后勤及备用人员1名，司机1名。队伍组建完成后，太原市园林局会组织相关人员进行培训，内容主要为古树名木树种鉴定，估测树龄的方法，测定树高、冠幅、胸径等标准方法，档案记录内容要求，拍照技术要求等予以规范。

（三）各城区联络协调

为推进古树名木普查工作高效完成，调查队需要和城区园林部门联络，提前制订普查计划。例如：太原市现有6个城区，每个城区都有负责古树保护的园林职能部门，负责日常古树保护情况的观测、收集、汇总和上报，熟悉辖区内的古树名木位置、生长状况，及古树名木属地企事业单位、社区、村委会及其他权属单位的具体养护管理责任人，市园林局按照计划分城区推进工作，各城区提前做好路线计划和联络工作，引导调查队开展普查，提高普查及建档调查的效率。

（四）准备工具与材料

工具与材料：50m皮卷尺、5m钢卷尺、胸径尺、树高测定器（精度0.5m）、三角测高器、测高杆、数码相机、北斗全星座单系统RTK定位仪等。

三、调查内容及方法

（一）调查内容

根据《全国古树名木普查建档技术规定》，调查内容主要包括：树名、位置、树龄、树高、胸围、胸径、冠幅、生长势、立地条件、权属、管护单位、古树历史传说或名木来历、保护现状以及建议等，并对每株树木进行影像记录。

以城市城区为单位，逐株依次进行实地调查测定、填写每木调查统计表。采用铅笔填表，字迹必须工整清晰。每木调查统计表后附该古树现状照片。

每木调查统计表填写内容如下：

1.编号

调查号顺序由园林或林业调查部门统一确定填写阿拉伯数字。以太原市为例，为调查方便，太原市城六区的古树依据其坐落城区，依次统一编号，编号首字母代表城区，如A为迎泽区，B为杏花岭区，C为万柏林区，D为小店区，E为尖草坪区，F为晋源区。此外，太原晋祠博物馆所在位置为晋源区，但其古树数量众多，影响力巨大，单列晋祠博物馆的古树编号为G。

2.树种

古树名木资源调查人员应具备较强的树种识别鉴定能力。树种鉴定环节，非疑难树种可由调查人员确定；遇到不能确定疑难树种，调查人员应野外填写《太原市古树名木树种鉴定表》。此外，调查人员要采集疑难树种的叶、花、果实或小枝作标本，或拍摄细节照片，由植物分类专业技术人员根据标本、图片鉴定。仍无法确定的，应将标本及图片送至太原市植物分类专家鉴定，以此类推。

3.详细地址及位置

古树名木位置确定主要依据为北斗卫星方位，地址方位作为补充。根据每木调查统计表逐项填写该树的具体东经北纬方位，填写市、区、街道、详细地址名称，小地名要准确。古树名木位于企事业单位内的，可填单位名称及具体位置。如果古树详细地址位置不容易确定，也可依照古树周围主要建筑物方位确定地址。此外，补充填写古树名木产权属者的姓名和联系方式。

4.树龄

根据工作实际情况，树龄填写分为三种情况：凡是有古树名木相关文献资料、史料，经过专家查验可靠有据的古树树龄，可视作"真实年龄"；有传说，但是无据可考的作为"传说年龄"；"估测年龄"要求古树名木资源调查者具备丰富的调查经验，估测前要认真走访，并根据当地物候实际情况和树木生长速度制定相应的不同树种的参照数据，类推估计。

5.树高

采用树高测定器实测或米尺（测量阴影并计算）虚测两种方式。数据精确至米，登记整数即可。

6.胸围（地围）

以主干地面以上1.3m处测量古树名木的胸围。有时乔木古树会出现两个或两个以上的主干，可测量地围；灌木、藤本也应量测地围。数据精确至厘米。

7.冠幅

分"东西"和"南北"两个方向测量，以树冠垂直投影确定冠幅宽度，计算平均数，记至整数。

8.生长势

分五级，在调查表相应项上打"√"表示。

"生长势旺盛"：古树名木枝繁叶茂，生长旺盛，叶片叶色较深，几乎没有枯枝，树体完整无明显伤口，生长势还有进一步发展的趋势。

"生长势正常"：正常叶片量占叶片总量大于95%，枝条生长正常、新梢数量多，枯枝枯梢较少，树干基本完好，无坏死部分，生长势渐趋缓慢或处于停滞状态。

"生长势较差"：古树名木生长衰弱，叶色变浅，正常叶片量占叶片总量50%～95%，新梢生长偏弱，有自然枯梢，枝条有少量枯死，树干局部有轻伤或少量坏死树体残缺、腐损，长势低下为"较差"。

"濒死"：正常叶片量占叶片总量小于50%，枝杈枯死较多，枝条多为坏死，干朽或成凹洞，少量活枝存在，古树主干活树皮非常少，主干及整体大部枯死、主干中空、根部发生腐烂。

"死亡"：叶片全部枯死，枝杈全部枯死，主干树皮全部坏死。

已死亡的古树名木不进入统一编号，调查号要编，在总结报告中需要说明。

古树名木生长指标评价参考表1和表2。

表1 古树名木生长指标评价标准表

序号		优	良	差	极差	濒死
1	生长势	长势良好，未受不良环境因素影响	长势正常，受不良环境因素影响	长势弱，但有恢复正常的趋势	生长很弱，很难恢复正常	全株干枯，濒临死亡
2	倾斜度	≤5°	≤15°	≤30°	≤45°	>45°
3	根系通气透水性	无硬化铺装	硬化铺装≤1/8树根面积	硬化铺装≤1/4树根面积	硬化铺装≤1/2树根面积	硬化铺装>1/2树根面积
4	根系裸露	无	≤1/8树根面积	≤1/4树根面积	≤1/2树根面积	>1/2树根面积
5	可见根系损伤	无	≤1/8树根面积	≤1/4树根面积	≤1/2树根面积	>1/2树根面积
6	可见根系病虫害	无	≤1/8树根面积	≤1/4树根面积	≤1/2树根面积	>1/2树根面积
7	内部腐烂或空洞	无腐烂或空洞	≤1/8树干横截面积	≤1/4树干横截面积	≤1/2树干横截面积	>1/2树干横截面积
8	树皮损伤	健壮，完好无损	轻度损伤，宽度不超过树干周长1/8，长度不超过20cm	中度损伤，宽度不超过树干周长1/4，长度超过50cm	重度损伤，宽度不超过树干周长1/2，长度超过100cm	极度损伤，宽度超过树干周长1/2，长度超过200cm
9	树干病虫害	无损伤病虫害	≤1/8树干周长	≤1/4树干周长	≤1/2树干周长	>1/2树干周长
10	偏冠程度	≤5°	≤15°	≤30°	≤45°	>45°
11	树冠密度	饱满，完全没有残缺或≤5%	尚饱满，略有残缺，但缺损≤25%	残缺，树冠较正常情况残缺≤50%	严重残缺，树冠较正常情况≤75%	濒危，树冠残存活枝叶10%以下，难以继续维持生命
12	枯断枝	无个别小枝枯死，≤5%	少数小枝枯死，≤25%	大量小枝枯死，≤50%	多数小枝枯死，≤75%	仅存个别活枝，>75%

续表

序号		优	良	差	极差	濒死
13	叶片色调	叶色较深,枯叶率≤5%	叶色正常,枯叶率≤25%	叶色基本正常,部分偏浅,枯叶率≤50%	叶色大部分偏浅,叶片枯叶率≤75%。	叶色不正常,叶片枯叶率>75%。
14	树冠病虫害	≤5%的枝叶	≤25%的枝叶	≤50%的枝叶	≤75%的枝叶	>75%的枝叶

表2 古树名木生长势分级标准

生长势分级	分　级　标　准		
	叶片	枝条	主干树皮
正常	生长正常的叶片占叶片总量的95%以上	枝条生长正常、新梢数量多,无枯枝枯梢	主干树皮基本完好无坏死
轻弱	生长正常的叶片占叶片总量的70%~95%	枝条生长偏弱、新梢数量少,枯枝少量枯梢	主干树皮局部有伤口或少量坏死
重弱	生长正常的叶片占叶片总量的20%~70%	新梢数量很少,枯枝枯梢数量多	主干树皮局部坏死,或多处腐朽、空洞
濒危	生长正常的叶片占叶片总量的20%以下	枝条大量枯死	主干树皮大面积坏死,严重朽蚀或中空形成巨大孔洞
死亡	无叶片	枝条全部死亡	主干树皮全部坏死

9.树木特殊状况描述

树木特殊状况描述包括奇特、怪异树形的描述,如树体连生或缠绕、基部分权、树体倾斜、雷击断梢、主干中空,根部暴露、主干附着其他植物等。

10.立地条件

古树名木立地条件主要有坡地及土壤质地两个类别。

坡向分东、西、南、北、东南、东北、西南、西北,平地不填;坡位分坡顶、上、中、下部等；坡度应实测。

土壤名称填至土类，紧密度分极紧密、紧密、中等、较疏松、疏松五个等级填写。

11.权属

权属分国有、集体、个人三种情况。

12.管护责任单位或个人

根据调查情况，如实填写具体负责管护古树名木的单位或个人名称。无单位或个人管护的，要另外说明。

13.病虫害状况

古树名木如有严重病虫害，简要描述种类及发病状况。

14.历史及传说记载

简明记载群众曾经流传的关于古树名木的传说故事，以及与其相关的名人轶事、光怪陆离的神话传说等，可另附一张纸记录。

15.保护现状及建议

简要叙述古树名木现有保护措施，此外，针对该树保护中存在的主要问题，包括周围环境不利因素，简要提出今后保护对策建议。

16.古树名木照片应采用全景彩照

照片应至少从三个角度拍摄，照片要记录当时的古树长势，周边环境状况和古树树体情况。古树群也应从三个不同角度整体拍照，并逐一单株拍照。奇特怪异树形的古树名木要体现"奇""怪"特色。照片编号与古树名木编号要一致。

17.古树后续资源

根据《太原市古树名木保护条例》规定，树龄在80年至100年之间的，作为古树名木后续资源进行保护，并应建立古树名木后续资源库。太原市的古树名木后续资源工作日益得到园林管理部门的重视，2016年第一次开展"准古树"的建档、保护工作。

古树名木后续资源鉴定工作应科学客观，鉴定结果应出具古树名木后续资源专家鉴定意见书。鉴定意见书包括树种名称、树木编号、树木年龄、树高和胸径、生长状况、地理位置、周边环境、计划保护措施等内容。鉴定结果上报市级园林主管部门以备案。

鉴定古树名木后续资源的一项重要工作就是确定树龄，根据太原市的气候条件和不同树种古树生长状况，参考古树名木分级标准，依据胸径确定不同树种古树名木后续资源选定标准：如国槐胸径35cm～40cm，侧柏胸径30cm～35cm，榆树胸径35cm～40cm，桑树胸径30cm～35cm，臭椿胸径40cm～45cm。技术人员可按照胸径这个简单标准快速确定其是否为古树名木后续资源。

— 延伸阅读 —

古树名木普查的细节问题

树种登记

不同的树种所需要的生长环境和耐受条件不一样，古树名木普查也要根据不同树种的生长习性来进行有针对性的调查，重点树种要着重对待，如文冠果、线柏等，相对国槐、侧柏等乡土树种而言属于珍稀树种，在调查建档方面要有所侧重，为未来古树名木保护做好资料准备。

位置登记

由于城市改造速度加快，或许一夜之间，古树名木的周边环境就有可能大变样，难以依靠地表建筑寻找古树位置，因此如何确定每株古树的位置至关重要。古树名木普查必须要精确使用经纬度进行定位，这样便于工作人员在进行巡查或保护时直接准确地找到目标古树名木。同时，通过对古树名木精确的定位，还可对未来城市道路设计提供指导，尽量减少和规避城市建设与古树生长之间的位置矛盾。

树龄的记录，是确定古树的级别的唯一依据。树龄越长，保护级别越高，等级越高的古树在保护资源的分配上占优。树龄鉴定是一个比较困难的问题，目前主要是通过实地现场估测，但存在很大的误差。

树高、胸围、胸径、冠幅、生长势、立地条件和保护现状等项目是古树名木普查最为基础，且最重要的关键性工作之一。通过这些综合数据的掌握，便可知道对每株古树名木需要优先进行保护的项目，例如有洞口朝天的树洞优先补树洞，长势衰弱优先进行复壮，枯枝多、重心偏离的优先进行修剪等，对古树名木普查摸清情况，为翌年古树保护计划的制订提供最为直接的依据。古树保护经费相对有限，通过高质量的调查来及时高效地解决每株古树最优先需要解决的问题是非常重要的。

权属、管护单位责任重大，在古树可能出现的突发事件，如不可抗拒的自然灾害或者人为恶意破坏导致古树受损严重的，权属、管护单位责任人应第一时间联系古树管理部门，及时采取措施抢救和高效保护。

古树名木的历史传说和来历等资料收集，挖掘蕴含古树名木背后的历史文化，从而提高全民古树名木的保护意识，为加大古树名木保护宣传工作提供资料素材。

此外，古树名木普查还有一项重要的工作就是古树后续资源的调查。通过详细的调查，将生长旺盛且树龄较大，虽然现阶段不能将其定义为古树，但是在不久的将来很快便会达到古树标准的那部分大树列入古树后续资源，以便更好地充实古树名木的"后备军"，不断丰富古树资源库，为我们的后人留下珍贵的自然财富，对未来古树的发展提前做好预案。

（二）调查方法

采取现场每木调查方法。树高用树高测定器测定；胸围（地围）、冠幅用皮尺测定；海拔及坐标用北斗卫星定位仪测定；生长势、土壤状况、树木生长环境、树木特殊状况描述、古树保护现状以及建议等根据实地观察的情况确定；古树历史传说或名木来历主要根据文献、史料、传说以及走访等形式相结合来确定。文字记载力求详细无误，且对调查对象拍照记录。

— 延伸阅读 —

古树名木普查的未来发展方向

现阶段，古树名木资源现状调查主要还是依靠人工亲赴现场的方式进行，但由于古树普查工作任务量大，调查周期长，调查条件限制，难免出现记录错误，资料内容不详细，数据更新不及时等问题。随着科学技术的不断进步，引入电子设备进行监控和调查势在必行，数字技术、物联网技术等新兴科学技术手段应用成为未来古树名木资源调查的发展方向。通过数字技术，电子设备的监控可及时快速地掌握古树的实时动态，例如水分和养分的缺失，树体损伤，病虫害的发生等情况均能在第一时间发现，并及时做出应对反应。当然，电子设备的布控成本较大，且实际操作起来涉及方方面面的问题需要去解决，但数字技术及电子设备代替人工普查是未来古树名木普查发展的必然趋势。此外，在古树名木普查的经费投入还需进一步增加，具备相对充足的资金保障下，将古树名木资源的调查与保护的任务由主管部门主要负责转变为由基层管理部门、民间团体、专业公司来完成，同时再采用新技术、新设备和新方法，真正实现古树名木普查由职能化、专一化向社会化、专业化发展方向的转变。

（三）古树名木鉴定

1. 成立古树名木鉴定组

对古树树种有疑惑或对古树名木身份存在疑问的，应由省、市、县级绿化委员会或园林主管部门组织专家鉴定会，成立3人古树名木鉴定组，成员要求均为高级工程师职称，熟悉园林树种及生长习性。

一级古树和名木由省级绿化委员会审定；二级古树报市级绿化委员会或园林主管部门审定；三级古树由县级绿化委员会审定。

2. 树种鉴定

现场依据古树的营养器官（枝条、叶片）和生殖器官（花、果实、种子）的解剖特征，并参考《中国树木志》，鉴定出该古树的科、属、种，并填写拉丁学名。

3. 树龄鉴定

（1）文献探究法：查阅当地的地方志、族谱、历史名人游记及其他历史文献，获得相关书面证据，推测树木树龄。

（2）年轮鉴定法：在古树名木主干1.3m树高处，用生长锥钻取待测古树名木的木芯，将木芯样本晾干、固定、打磨，通过人工或树木年轮分析仪判读树木年轮，依据树木年轮推测树龄。

生长锥钻探人工计数年轮的方法存在很大的局限性，这种方法不仅严重损害古树名木，而且对主干中空的古树名木测定树龄也无法完成，只能选取其他主枝测定，树龄测定准确性大打折扣。北京园林绿化科学研究院研发出了"活古树无损伤年龄测定"技术，实现了对松科树种的无损伤年龄测定。松科植物每年会长1轮枝条，并且当枝条折断后，不易在折断处萌发新的枝条。因此松科树木上最早枝条所生长部位的主干的初始生长年代与其树龄基本相同，越靠近下部的枝条的初生年代就和整棵树的初生年代越近。通过对树体已死亡断枝进行取样测定，不会对树体活的部分造成影响。

（3）年轮与直径回归估测法：利用本地（气候环境、海拔、土壤环境与待测古树相近）森林资源清查同种树树干解析资料，或利用贮木场同树种原木进行树干解析，获得年轮和直径数据，建立年轮与直径的回归模型，计算和推算古树的树龄。

（4）针测仪测定法：通过针测仪的钻刺针，测量树木地钻入阻抗，输出古树名木生长波形图，鉴定树木的树龄。

（5）CT扫描测定法：通过树干被检测部位的断面立体图像，根据年轮数目鉴定树木的树龄。

（6）碳-14半衰期测定法：通过测定古树样品碳-14衰变程度鉴定树木的树龄。

4.名木鉴定

判定树木是否属于名木范畴，可分别采取以下鉴定方法：

（1）实物证据探究法：根据植树现场、名人故居、风景名胜区、庙宇的树木或建筑物实物及其图片，判定树木是否属于名木范畴。

（2）书面证据鉴定法：根据文献、新闻报道、文史档案等书面证据或图片，判定该树木是否属于名木范畴。

（3）口头证据鉴定法：根据了解植树历史的相关人员的口头证据，判定该树木是否属于名木范畴。

5.鉴定技术要求

古树或名木鉴定完成后，需出具《古树名木现场鉴定意见书》，并附照片和电子图片，同时提交古树名木的技术档案。

6.鉴定结果发布

一级古树和名木的审定结果，由省级绿化委员会报省人民政府认定后发布；对二级古树的审定结果，由市级绿化委员会、市级园林主管部门报市人民政府认定后发布；对三级古树的审定结果，由县级绿化委员会报县人民政府认定后发布。

7.古树名木死亡鉴定

鉴定树木名木是否死亡分两种情况，一种是树上有叶子的，另一种是树上没有叶子的。

情况一：树上只具有极少量叶片，新生发的芽；枝条还含有水分的。只要古树名木具有如上特征，则证明古树是活的。

情况二：落叶树生长期一个叶片也没有，树干光秃秃的；常绿树叶片全部枯萎黄化。树木的死亡是从上向下逐渐干枯。

古树名木树叶燥枯、树干发黑都是其出现生长不良的症状，出现这种情况的古树名木，可以用"定点检查，切口探测"的方法鉴定其是否死亡。使用消毒刀片轻轻剥掉外层树皮，树皮内层仍是绿色，湿润的，则说明古树名木还是活的；如果是干的，则表示其已经死亡。

在古树名木上定三个点，第一个点是50cm的位置，第二个点是150cm的位置，第三个点是200cm的位置。

（1）先选择150cm的位置，因为此位置容易操作。操作方法：用消毒刀片在树木150cm处，倾斜45°剥开1cm左右的深度，观察树皮内层颜色，用手感觉该位置树皮内侧是否含有水分，如果含有水分，证明古树名木150cm以下的部分是活着的。

（2）若在150cm处判断古树名木是活的，以同样的方式检查树木200cm以上的位置，在200cm处用消毒刀片轻轻剥出缺口，检查结果是湿润的，证明古树名木200cm以下的部分是活的。

（3）若150cm处检查是干的，就要往下50cm检查，方法同上，用消毒刀片轻轻剥出缺口，检查缺口是否有水分，如果仍然是干的，证明古树名木100cm处已经死亡。如此不停试探，确定古树名木死亡的位置。

四、档案管理

针对古树名木的保护，中华人民共和国建设部 2000 年 9 月 1 日颁布实施了《城市古树名木保护管理办法》（建城〔2000〕192 号），指出要对古树名木进行调查、鉴定、定级、登记、编号，并建立档案，设立标志。为加强古树名木保护管理，促进历史文化名城建设和生态文明建设，太原市于 2014 年发布了《太原市古树名木保护条例》，明确指出应当对古树名木建立信息档案，进行动态监测，因此建设古树信息化管理系统很有必要。系统建成后，将形成古树名木的动态监测体系，实现古树名木的生长环境、生长情况、保护现状等 24 小时动态监测和跟踪管理，实现古树名木资源全方位的展示、查询、维护，为古树名木资源保护提供基础数据和技术方案支撑。

（一）建立古树名木基本信息档案

1.古树名木基本信息登记

主要包括树种、科属、拉丁学名、编号、等级、估测树龄、树高、冠幅、胸径、海拔、生长势现状评价（旺盛、良好、衰弱、濒死、死亡），详细位置（古树名木所属地区或街道的具体地址、古树名木周围明显标志物），经纬度方位，周边环境（树体周围土地是否硬化、树体周围是否堆砌污染物或其他杂物、树体与周围民房的位置关系、树体周围是否有污染源等），养管责任单位或责任人（单位及责任人名称、联系方式等），古树名木产权（国家、集体或个人），现有保护措施，古树的故事或民间传说，三个不同方位的古树照片等。

2.古树群基本信息登记

主要包含古树群编号、树种、株数、古树群面积、估测树龄、胸径、冠幅、具体位置（经纬度方位）、树体特征、生长势情况、周边环境、产权及养管责任单位、现状图片等信息。

3.古树名木电子地图

根据古树名木经纬度方位，与数字地图相链接形成点式方位地图，提供古树名木数据批量导入导出功能。古树名木电子地图通过不同颜色标识古树生长势评价等级，管理者能够直观发现问题古树，并及时采取相应措施加以保护。

4.古树名木健康信息

主要包含古树名木生长势整体分级评价、古树名木生长土壤环境数据（土壤 pH 值、土壤容重、速效磷、速效钾、碱解氮、土壤有机质含量）、古树名木植物生理指标（叶绿素含量、丙二醛 MDA、过氧化氢酶 CAT、超氧化物酶 SOD、过氧化物酶 POD 等）。

5.古树名木的文字书册档案

收集整理古树名木相关的地方志、书籍、杂志、图片、报纸、碑文拓片、绘画等文字书册资料，按类存档。

6.古树名木的树体档案

（1）活树体档案留存。有计划保留古树名木树体的根、茎、叶、花、果实、种子，制作标本长期保存。

（2）死亡树体档案留存。参照上海市绿化和市容管理局《古树名木和古树后续资源死亡树体处置指导意见》沪绿容〔2023〕32 号，具体实施方法参照如下：

适用范围：适用本市范围内经市绿化行政管理部门批准死亡注销的古树名木和古树后续资源（以下简称"古树名木"）的死亡树体处置。

处置协商：①区古树管理部门收到古树名木注销意见书后两周内，应前往现场口头告知养护责任人注销情况，回收古树名木保护志牌，并开展死亡树体处置协商工作。②根据死亡树体处置协商结果，由养护责任人填写注销古树名木和古树后续资源死亡树体处置意愿表。③古树名木死亡树体处置意愿表报市园林、绿化行政管理部门同意后方可实施；古树后续资源死亡树体处置意愿表报区管理古树名木部门同意后方可实施。

古树名木死亡树体由养护责任人保留的，应在注销古树名木死亡树体处置意愿表中进行情况说明。相关费用由养护责任人承担。

对具有历史、文化和科研等价值的古树名木死亡树体，养护责任人可将树体移交相关单位开展公益研究等，并填写古树名木与古树后续资源死亡树体利用表，报区古树管理部门，研究成果和保存情况应及时向区古树管理部门说明。相关费用由接收单位承担。

（二） 建立巡检及保护管理信息档案系统

1.古树名木养护档案资料

登记古树名木的养护记录，主要包括养护日期、养护人员、负责单位、古树编号、养护类型、养护详情等，上述内容以文字、图片或录像等在系统内保存，并可随时调阅。

2.古树名木巡检档案资料

登记古树名木的巡检记录，主要包括巡检日期、负责单位、巡检人员、巡检古树编号、存在的问题、处理建议、后期处理结果等。巡查人员将古树名木巡查信息（包括古树名木长势和异常情况等图片、文字、视频信息等）在系统内保存。

3.古树名木会诊档案资料

古树名木会诊管理包括会诊时间、会诊主题、古树名木编号、古树名木状况、参与会诊单位、参与人员、会诊意见、处理办法等，相关资料汇总并保存进入系统。

4.古树名木复壮及保护施工档案资料

古树名木保护与复壮方案、古树名木保护合同及工程验收相关资料、古树名木管理部门下达的相关文件资料、古树名木保护及复壮施工工作报告、古树名木保护及复壮施工过程中的照片、视频等资料档案在系统内保存。

（三）档案规范化登记归口

明确古树名木档案的登记归口，档案收集范围主要包括：①国家、省、市古树名木保护管理工作方面的法律法规条例；②历年城市古树保护计划、保护方案及保护施工工作报告；③城区、县年度古树日常管理工作资料，如病虫害防治记录、巡查记录、养护记录等；④历次古树名木建档调查原始调查资料；⑤历次古树名木建档调查报告；⑥正式纸质档案及电子档案；⑦有关本城市古树保护研究书籍、手册、课题资料和论文；⑧有关本城市古树文献的复印件；⑨省、市、区召开的有关古树保护工作会议文件或专家论证会资料；⑩收集的有关古树的老照片、回忆录、民间故事、物件等历史资料。

（四）古树名木档案的整理

古树名木档案归属于当地城市园林局主管部门及绿化委员会，收集并分类存放。古树名木纸质档案按照城区分为不同卷宗，一树一档案，档案编号与古树名木编号相一致，内容包含古树名木基本信息，古树名木的保护现状及未来保护计划，其他相关资料，古树生长旺盛季节的不同角度照片，照片档案整理要标记拍摄时间。纸质档案的保管工作以确保安全为第一目标。电子档案存入电脑，另移动硬盘备份。

第三篇　古树名木衰弱诊断

一、古树名木衰弱死亡原因及其分析

古树名木生存环境是指在古树名木保护范围内直接或间接影响古树名木生长发育的各种环境因素的总和。

古树名木的生长不仅与自身生理条件有着密切的联系，而且与环境也有着密切的关系。枝繁叶茂的古树名木其周围环境一定是适宜其生理生长要求的。

古树名木日益衰弱原因总结为三方面：第一方面是古树名木自身生理正常的表现；第二方面是其生长环境中的物理、化学、生物等外界条件负面影响长时间累积，或短时间环境突然发生重大变化，超过了古树名木抗逆性的阈值导致其生长衰弱直至死亡；第三方面是人为因素造成的古树名木生长势衰弱。

（一）古树名木自身衰老的正常生理表现

1.古树名木衰老的定义

由于古树名木本身和外界因素的影响，组织细胞结构破坏，功能丧失，营养物质转移而导致某一器官乃至整个植株死亡和脱落的一系列恶化过程称为衰老。

衰老是植物生活的一种适应机制，枝叶脱落是植物器官脱离母体掉落下来的现象，衰老是枝叶脱落的原因，枝叶脱落是衰老的结果。生长素、赤霉素和细胞分裂素能抑制衰老与脱落，而乙烯和脱落酸则促进衰老与脱落。

2.古树名木衰老生理生化变化主要体现

（1）细胞的结构逐渐解体，叶绿体完整性丧失，光合作用迅速下降。

（2）叶片失去绿色，叶色暗淡，也就是叶绿素降解。

（3）蛋白质降解加剧，脂类降解速度异常，促进编码核酸酶基因的表达，引起核酸的降解，RNA总量迅速下降。

（4）大部分有机物和矿质元素向外转运，运输到幼嫩的叶片被再度利用。

（5）细胞膜质过氧化作用加剧，选择透性丧失。

（6）激素平衡发生变化，促进生长的IAA、GA、CTK含量减少，诱导衰老和成熟的ABA、ETH含量增加。

古树名木衰老表现为叶绿素、蛋白质和核糖核酸的含量下降；一些水解酶的活性上升，可溶性氮的含量增加；光合速率下降；呼吸速率到衰老末期也迅速下降。古树衰老的原因及调控机制目前学术界尚不能完全科学解释，但是目前研究表明，植物衰老主要有五方面原因：

（1）自由基损伤。衰老时超氧化物歧化酶活性降低和脂氧合酶活性升高，导致生物体内自由基产生与消除的平衡被破坏，以致积累过量的自由基对细胞膜及许多生物大分子产生破坏作用。

（2）蛋白质水解。当液泡膜蛋白与蛋白水解酶接触而引起膜结构变化时即启动衰老过程，蛋白水解酶进入细胞质引起蛋白质水解，从而使植物衰老与死亡。

（3）激素失去平衡。抑制衰老的激素（如CTK、IAA、GA、BR等）和促进衰老的激素（如ETH、ABA等）之间不平衡，促进衰老的激素增高时可加快衰老进程。

（4）营养亏缺和能量耗损。营养亏缺和能量耗损的加快会加速衰老。

（5）DNA损伤，基因表达在蛋白质合成过程中引起错误并积累，造成衰老。

— 延伸阅读 —

古树名木的衰老机理到底是怎么回事?

首都师范大学生物重点实验室赵琦教授对古树名木衰弱机理进行了专项研究。研究涉及叶片结构、色素和蛋白质含量、内源防御酶、内源激素以及矿质营养元素等方面。他认为：树木衰亡是个复杂的过程，既有树体自身生理功能衰退的原因，也有外界环境作用的结果。叶片是植物进行光合、呼吸及蒸腾作用的重要器官，叶片结构、细胞变化（其中叶绿体、线粒体是判断细胞生理活性的重要结构）对古树而言，发生在这些细胞器中的渐进性功能衰退及细微的结构变化，直接影响到古树的代谢平衡，干扰古树的正常生长。

研究结果显示，古树名木衰弱主要表现在叶绿体的超微结构上，古树叶片的叶绿体片层减少，导致叶绿体中积累大量的淀粉粒。在衰弱古树叶片的叶绿体超微结构中，可以看到叶绿体中巨大淀粉粒的积累，显示叶片衰老的开始。在植物衰老进程中，叶绿素和蛋白质含量会显著下降。叶绿素和蛋白质形成了色素蛋白复合体，在光合过程中共同起作用，其变化趋势基本一致。不同树龄的古树，衰弱程度不同，叶绿素和蛋白质含量也不同，例如，古油松强势树比衰弱树的叶绿素含量要高30%。所以根据古树叶绿素或蛋白质含量可以判断古树的衰老程度，便于及时采取复壮措施。

此外，研究表明：叶片衰老与内源防御酶、激素变化和活性氧代谢呈正相关。如果植物体内积累过多的活性氧，就会破坏膜结构，危害植物正常代谢。同时，植物细胞内的超氧化物歧化酶、过氧化氢酶、过氧化物酶共同组成活性氧清除系统，去除细胞中的活性氧，防止活性氧对细胞的氧化损坏，故这三种酶的活性可用来判断植物的衰老程度。延缓古树衰老，从改善内源防御酶系统入手，可达到事半功倍的效果。

生长素、细胞分裂素、赤霉素、脱落酸和乙烯等内源激素是植物体内含量极少，但具有重要调节作用的生理活性物质，与植物生长发育和衰老有关。许多试验证实，生长素、细胞分裂素及赤霉素可明显地推迟离体叶片的衰老，而脱落酸和乙烯可加速离体叶片衰老。曾经有学者利用细胞分裂素、生长素、赤霉素对古银杏进行过复壮研究，结果表明，细胞分裂素能有效延缓古银杏的叶绿素降解，并降低核酸酶的活力，从而延缓衰老。细胞分裂素和生长素的复合处理，比单一处理延缓古银杏枝条的叶绿素降解效果明显。

实验研究发现：矿质营养元素的失衡会影响古树名木的正常生长。通过高频等离子吸收光谱仪分析古油松、古白皮松、古侧柏的当年生针叶及根系的矿质元素，同时测定叶片、土壤中的氮素含量，结果表明，古油松的氮和钾两种元素严重缺失，导致古油松生长势衰弱；而古白皮松矿质元素平衡失调与缺镁、铁、锌有直接关系。钠元素过量则是古白皮松、古侧柏、古油松的矿质营养失衡共同的特点。元素过量或不足都会影响树体的正常代谢，此外，土壤中的矿物质元素含量对树木的生长也具有一定的影响。

古树名木的衰老和死亡是一个渐变的进程，如果能在古树名木衰老开始阶段就检测出激素、蛋白质等代谢异常或矿物质吸收失衡，并发现致使衰老主要原因，就能在古树保护中占领先机，有的放矢。

（二）古树名木衰弱死亡的外界自然因素

1.有害生物

有害生物包含虫害和病害两种危害。

虫害：刺吸类、食叶性、蛀干类等害虫会导致树体营养流失，输导组织破坏，树体机体受损，影响到古树名木正常生长，造成古树名木衰弱。

病害：自然界中的一些真菌、细菌或病毒侵入古树名木树体，产生一系列生理性病害，如光合速率降低，叶绿素含量减少，输导组织堵塞，对矿质元素吸收受阻等。

古树名木已经过了其生长发育的旺盛时期，开始或者已经步入衰老致死亡的生命阶段，如果日常养护管理不善，人为和自然因素对古树名木造成损伤时有发生，古树名木的树势衰弱为病虫的侵入提供了条件。对已遭到病虫危害的古树名木，如得不到及时和有效的防治，其树势衰弱的速度将会进一步加快，衰弱的程度也会因此而进一步增强。

2.干旱

根据北京园林科学研究院研究发现，土壤自然含水量在15%～17%的情况下有利于松、柏类根系吸收水分和正常生长，当自然含水量低于7%（黏土）或5%（砂土）会导致古树名木根系干旱而死亡。

3.积水

长期积水会导致古树名木根系呼吸困难，会出现叶片稀疏，夏季掉叶或生长物候期紊乱等问题。有些古树名木（如侧柏等）不耐湿，则会因为根部水分过多、土壤黏重、氧气缺乏等原因，造成根系生长不良，甚至烂根。另外地势低洼、排水不畅、加之连续降水等，也会造成水分过多而使古树名木生长不良。

4.气候反常

近几年，太原市几乎每年都会发生倒春寒，冬季寒冷无有效降水。如2018年4月6日至4月8日，山西省发生50年一遇的春季冻害，太原市城区一周时间经历四季，短短七天时间，气温由最初的最高温30℃，直降到周末最高温只有-3℃，气温变化幅度过大，变化周期过短，大量园林树木受损，古树名木也受到严重影响。2018年11月至2019年4月，太原长达6个月没有降水，而当年冬季的极致低温达到了-18.9℃。2020年4月22日，我国东北、华北、西北地区发生大范围寒流，太原多地发生冻害。2023年4月21日至4月23日，太原市连降大雪，气温低至-4℃，产生严重冻害。冻害天气直接导致树皮产生皲裂，海棠类等易发生腐烂病的树种由于树皮开裂导致细菌、真菌侵染，发生严重病害。这种冻害对古树名木也产生了显著危害。

5.自然灾害

自然灾害如风、霜、雨、雪、洪涝灾害、雷击等时有发生，危害古树名木的生长，

图3-1　古树倒伏死亡

这也是导致古树名木衰弱的原因之一。在太原地区，每年都会发生大风、强降雨、雷暴等强对流天气，树体朽蚀严重的古树会发生枝条劈裂，倒伏问题。例如2016年5月13日×××市×××区的旧城改造区域内的国槐古树因大风发生倒伏而死亡（见图3-1）。

6.干扰树种

古树名木周围切忌附近有泡桐、杨树、柳树、桑树、紫藤、山荞麦等生长迅速或缠绕能力强的植物。古树名木大多属于阳性树种，喜光照，对养分及水分需求旺盛。泡桐、杨树等树木生长迅速，与古树名木生长存在竞争关系，对古树名木的正常生长造成严重威胁，而且泡桐、杨树等树种树体高大，对古树的光照也有明显的遮挡影响，严重抑制古树名木的正常生长发育，后果严重。严禁在活的古树名木周围种植紫藤、山荞麦等缠绕能力强的攀缘植物，攀缘植物紧紧缠绕古树主干及枝条，严重影响古树名木正常生长。

7.水土流失，根系暴露

太原地区地处黄土高原，土质疏松，水土流失严重。古树名木历经沧桑，

图3-2 根系暴露的古树

土壤逐年累月流失，造成古树根系逐渐外漏（图3-2），根系表层被剥蚀，不但使土壤肥力下降，而且表层根系易遭干旱和高温伤害或死亡。外界动物啃食或人为的踩踏，抑制古树的正常生长发育。

8.营养不良

古树名木在一个地方，经过成百上千年的生长，消耗了着生土壤环境中大量的营养物质。由于养分循环利用差，枯枝落叶归还土壤少，缺乏人为施肥，不仅造成土壤有机质含量降低，而且也导致某些必需元素的严重缺乏，某些元素则可能会相对过剩产生危害。有些古树名木生长在垫基土上，栽植时只是将树坑中的土换成了好土，树坑外土质不良又坚硬。树木长大后，根系很难向坚硬中延伸，造成了根系活动范围受到限制，缺乏营养致使古树名木提前衰老，甚至死亡。

（三）古树衰弱死亡的人为因素

1.过度硬化铺装

根据有关研究表明：当土壤孔隙度大于10%时，有利于古树的生长；当土壤容重在1.3g/cm³以下时，有利于古树的生长；当土壤容重超过1.4g/cm³时，土壤缺氧，机械阻力加大，根系将变形，古树名木生长受到抑制。

硬质铺装导致土壤板结，容重加大，会造成树木根系受损，透气性、透水性不良，使得古树名木生长势衰弱。

近几年，随着社会经济的快速发展，许多古树名木所在的村落、寺庙、道路都加大了地面硬质铺装。过度铺装导致土壤透气透水性严重下降，直接造成古树名木的衰亡。例如：2016年8月×××市×××区×××庙宇翻新，将寺庙内的国槐古树周围原红砖地面改为水泥+石材铺装，古树营养面积仅保留大约1m²（见图3-3）。因为硬质铺装的缘故，该国槐古树生长势逐渐衰微，2018年古树生长异常，树冠叶片生长数量明显减少。2019年6月后古树整体树冠的叶片开始异常枯萎，首先变黄，其后迅速掉叶，保留极少数叶片。2020年5月上旬古树未发芽，彻底死亡。尽管园林主管部门积极抢救保护，保护队伍紧急进场，但已经为时过晚。根据现场情况破地面硬化3处，合计15m²。在破地面的过程中，首先破除上表面10cm厚的石材，在石材下方又发现厚度

图3-3　大面积硬化铺装

图3-4　不透气的硬化铺装

图3-5　腐烂的古树根系

10cm水泥垫层，水气根本无法透过（见图3-4）。通过人工电镐破碎硬质铺装后才发现：其土壤表层的根系已经完全腐烂，根的表皮变黑，黏湿，发出恶臭。据此分析，由于硬质铺装，完全隔断了土壤正常水气交换，环境湿热封闭，该古树无法呼吸，造成古树烂根（见图3-5）。

— 延伸阅读 —

古树名木的根系怎样分布？

根据古树名木根系生长方向及功能作用，其垂直方向分布的根系为支撑根，树体直立支撑主要靠根系部分的支持根承受；水平方向为运输传导根和吸收根，而水平方向的运输传导根和吸收根根系辐射范围极广，便于吸收水分和养料。

古树名木的根系通常适宜生长在疏松透气、深厚肥沃的土壤中，一旦被透气性差的硬质铺装或建筑物覆盖，就会造成古树支撑根、运输传导根和吸收根大面积生长受阻，且地面硬质铺装或建筑物地基压强过大会对古树名木根系造成物理性破坏和生理性干预退化，对古树名木的正常生长影响严重。

古树名木的根系分布范围大，判断其根系是否健康主要观察上层根、中层根、下层根的分布状况是否均匀，总体分布均匀说明古树名木长势良好，一般上层根密度大于下层根。若古树名木根系的上部存在铺装面，根系一般会分布在铺装面与表土的中间生长。

2.渣土堆积

土壤是古树名木生长的最重要基础条件之一。土壤理化性质的恶化可直接造成古树名木生长衰弱。随着城市化进程加速，大量拆迁产生大量渣土，古树名木周围堆积的渣土使得土壤密实度大幅增加，土壤严重板结，土壤团粒结构遭到破坏，透气性能及自然含水量降低，树木根系呼吸困难，须根减少甚至无法延伸。太原市近几年的城市建设速度不断加快，有些建筑渣土违规堆积到古树名木周围。有些市民为图方便，在树下乱堆东西（如建筑材料水泥、石头、沙子等），尤其是水泥和石灰属于强碱性物质，造成古树名木生长势不良，情况严重甚至会造成死亡。例如，2020年度太原市园林科创服务

图3-6　严重埋土的古树

图3-7　主干完全被埋土的古树

图3-8 泄露热气致古树死亡

中心对×××区×××街的国槐古树紧急清理渣土堆积作业。2021年，太原市园林科创服务中心紧急对大井峪C092国槐古树清理堆土，在清理过程中发现，该古树主干堆土深度达到2m，严重影响到该古树正常生长发育。（图3-6，图3-7）。

3.地下市政管线

随着城市建设的快速发展，热力、电力、通信、自来水、下水、天然气等管线在城市道路中大量铺设，给生活在道路周边的古树名木带来了巨大的威胁。许多城市市政

图3-9 热力管道问题造成古树"阴阳头"

管线就在古树名木保护范围的红线内，管线施工过程中土方挖掘或管线故障泄漏成为古树正常生长的巨大隐患，严重影响古树名木的生长安全。

生长在城市道路环境中的古树名木多靠近市政管线，特别是冬季供热管线漏气，近几年多次发生此类伤害古树名木事件。例如：2015年，×××市×××区的×××街道发生热力管道漏气致使位于该处的国槐古树死亡（图3-8），另一国槐古树临近热力管线，造成古树树冠半幅死亡的情况；2016年×××市×××区的×××街道又再次发生热力管道漏气，再次致使一国槐古树死亡。2019年，×××市×××区的×××街道的国槐古树周边发生热力管道泄漏热气，致使该古树树冠一半死亡（图3-9），教训非常惨痛。

4.粉尘污染

松柏类古树名木抗粉尘污染能力差。一旦其周围有施工场地，如果扬尘污染不能有效控制，对松柏类古树名木的危害就会非常严重。松柏类古树名木的松针本身光合作用效率已经非常低下，粉尘又进一步加剧了危害（图3-10）。

图3-10 粉尘污染古树

5.光照遮挡

古树一般都属于阳性树种，喜光照。但近些年城市建设速度飞快，越来越多的高楼大厦建立起来，这些高楼大厦往往会遮挡古树，严重影响古树正常的光合作用，生长受到抑制。

6.土壤盐碱化

融雪剂是土壤盐害的主要来源之一。盐害的症状与干旱的症状十分相似，表现为树叶发黄，叶片小，严重者叶片枯萎，甚至整株古树死亡。局部土壤遭受盐碱胁迫，那么古树名木同侧的枝条就会表现出明显的受害症状，即出现"阴阳头"现象（图3-11，图3-12）。古树周边堆积建筑材料也可能发生土壤盐碱化危害，例如：2007年×××市×××区的×××祠堂关帝庙东侧的一株侧柏古树已经长势衰微，施工队翻新东侧房屋，将大量生石灰堆放在该古树周围，造成土壤严重盐碱化，致使该侧柏古树死亡。

7.生活垃圾及污水

生活垃圾是指日常生活中或者为日常生活提供服务活动中产生的固体废物及废液。位于农村或者棚户区的古树名木经常受到生活垃圾或污水的胁迫，大量的细菌、真菌、毒素等侵染古树根系，往往会发生根腐病。古树名木根腐病主要表现为须根及毛细根大量死亡，死亡

图3-11　土壤盐碱危害古树

图3-12　土壤盐碱危害古树

的根系被白色絮状物或黑色线状物覆盖。根腐病特征是根系解体腐烂，腐烂可以是硬的、干的、海绵状的，或是多水的、糜烂状的或黏性的。

8.空气污染

随着城市化进程的不断推进，各种有害气体（如未燃烧或燃烧不完全的碳氢化合物、氮氧化物、一氧化碳、二氧化碳、二氧化硫、硫化氢以及微量的醛、酚、过氧化物、有机酸和含铅、磷汽油所形成的铅、磷污染等造成大气污染，古树名木承受着不同程度污染物的危害，过早地出现衰老症状。

二、古树名木的土壤生存环境

（一）土壤环境主要指标

1.土壤通气性能

土壤通气性即土壤气体交换的性能，首先是土壤与近地面大气之间的气体交换，其次是土体内部的气体交换。

土壤和大气间的气体交换也主要是氧气与二氧化碳气体的互相交换，即土壤从大气中不断获得新鲜氧气，同时向大气排出二氧化碳，使土壤空气不断得到更新。因而土壤与大气的气体交换，亦称为土壤的呼吸作用。

土壤通气性是土壤的重要特性之一，是保证土壤空气质量，使古树正常生长，微生物进行正常生命活动等不可缺少的条件，也是古树名木吸收大量水分必不可少的条件。

土壤通气性能下降，会产生以下危害：

（1）土壤通气不良，会影响微生物活动，降低土壤有机质的分解速度及古树名木根系养分的有效吸收。

（2）土壤通气不良还会使土壤中的有机质分解形成氢，氢能引起富含氧的盐类以及三价铁和四价锰的化学还原作用，抑制并破坏古树名木根系的营养吸收环境。

（3）土壤中氧气少，二氧化碳多时，会使土壤酸度提高，适宜致病霉菌的生长，易使古树名木感染病虫害。

当土壤的有效孔隙度大于10%时，有利于古树根系的生长和吸收作用。

土壤气体交换需要满足两个基本条件：一是土壤要有足量的孔隙容许气体的进出；二是必须具有使气体进出这些孔隙的充分可能性（各气体的浓度具有差异，即具有压力梯度）。

影响土壤通气性的因素如下：

（1）土壤与大气间温度和大气压的差异。

（2）土壤含水量的变化。

（3）土壤中空气孔隙的数量，大小及联通程度。

（4）土壤与大气或相邻土层的氧气和二氧化碳的浓度差。

2.土壤容重

当土壤容重在 $1.3g/cm^3$ 以下时，有利于古树生长；当土壤容重超过 $1.4g/cm^3$ 时，土壤缺氧，机械阻抗加大，根系将变形，古树生长受到阻碍。

3.土壤含水量

土壤含水量一般是指土壤绝对含水量，即 100g 烘干土中含有的水分，也称土壤含水率。测定土壤含水量可掌握古树名木对水的需求情况，对古树名木日常养护管理有很重要的指导意义。

自然含水量：是指古树根系在土壤中比较容易吸收的水分，不包括束缚水和结晶水。

自然含水量在 15%~17% 的情况下有利于松、柏等古树的根系吸收、生长。当土壤自然含水量在 20% 以上时，古树根系将停止生长，持续时间达两天以上时会造成烂根。当自然含水量低于 7%（黏土）和 5%（砂土）时会导致古树根系因干旱而死亡。

判断古树名木土壤是否缺水，可以观察当地丁香、连翘的叶片是否萎蔫，所以丁香、连翘等可以作为古树根系土壤水分状况的指示植物。

— 延伸阅读 —

古树名木不用浇水?

目前，我国对古树名木的保护越来越重视，但是传统经验和不科学思维在许多人脑中根深蒂固，传统的、旧的古树名木保护方式以及管理模式都不符合现代古树名木保护的发展要求，古树名木的相关管理与保护应该紧跟科学的发展步伐，特别是摒弃思维中的旧有观点。古树保护是一门科学严谨的学科，需要用科学方法解决问题，同时也需要用科学的思维观点武装人们的头脑。

在许多人眼中，古树名木已经完全适应了当地的物候条件，其根系深入土壤的范围和深度所吸收的水分足够满足树木生长发育所需，这是一种认识上的误区。古树名木虽然长时间生存在当地并且已经适应了当地的气候环境，但是随着时间的推移，许多古树名木的生理机能已经开始衰退，尤其根系分生能力的下降，使得新根萌生数量减少，吸收水分的能力减弱。此外，随着我国工农业经济快速发展，地下水位下降严重，特别是北方地区，连年的干旱和地下水的超量开采，使得情况更加严重。古树名木自身情况和外界环境的改变共同决定了古树名木需要定期根据实际情况浇灌，而且这项工作在北方地区尤为紧迫。太原市年降水量在400~600mm之间，人均淡水拥有量只有全国平均水平的1/3，是典型的北方严重缺水城市。太原市每年的3~6月经常出现长时间干旱及干热风天气，古树名木养管单位应及时浇水。为保证古树名木顺利越冬，11月上旬再补充一次越冬水。

4.土壤温度

土壤温度对古树名木根系生长有着直接的影响。最适宜古树（松、柏类）根系生长的土壤温度为12℃~29℃。土壤温度超过30℃时，根系将受到影响，不利于古树生长，当土壤温度低于0℃时，根系不活跃。裸地砂土夏季中午时地面温度可达50℃~67℃，可使古树名木表层根系灼伤，可采用地面种植地被植物或铺设木屑等覆盖物来降低土壤温度并起到保墒作用。冬季低温对古树的影响不大，古树已经长时间适应了当地的低温土壤环境，根据研究试验发现：土壤温度在-20℃时不会将古树的根系冻死。

5.古树矿质营养元素的平衡

古树名木生长需要N、P、K、Ca、Mg、Fe、Zn、Cu、Ti等矿质营养元素。古树名木多年生长在固定地点的土壤里，长期大量吸取养分，另外，降水的淋溶作用，造成土壤矿质元素的缺乏，此外，城市工业化及人为活动还会影响自然界和土壤，又可能造成土壤中某些元素过量，引起古树名木吸收某种元素过量而中毒。例如 Na^+、SO_4^{2-}、Cl^- 是土壤中常发现的过量引发中毒离子。Na^+ 在土壤中含量过高会引起古树名木中毒，当含量超过 $80 \sim 100\mu g/g$ 时，出现生长不良；含量达到 $1000 \sim 1500\mu g/g$ 时，松、柏类古树根系受伤，造成烂根死亡，枝叶黄化枯焦。Na^+ 在古松、古柏枝叶里含量应在 $26.011 \sim 42.701\mu g/g$ 范围内属正常，有利于古树生长。因此，矿质营养元素的缺失或过量均可引起古树的生长不良，说明各种矿质营养元素在古树生长中有一个合理的比例和相互平衡的问题。

与 Na^+、SO_4^{2-}、Cl^- 等离子过量造成古树发生中毒情况相反，有研究表明，土壤中 Ca、Mg 元素过量，古树并没有过量中毒症状。

根据目前掌握的资料，山西省各地市土壤里普遍缺乏古树名木可吸收利用的 Fe，其次缺 N、Zn、Ti，只有个别地区缺 B，其他各元素不缺少。

— 延伸阅读 —

矿质营养元素失调与古树名木衰老之间有什么关系？

矿质营养失调是古树代谢的另一特征，研究证实古树名木的衰老与其树体内的矿质营养元素含量有关，不同古树名木的矿质营养元素比例平衡关系不同。生长衰弱的古柏树明显缺失 Fe、Zn、Ti 三元素，而 P 元素则表现出过量。衰弱古油松主要表现为 N 和 K 两元素严重缺失。古白皮松矿质元素平衡失调与缺 Mg、Fe、Zn 元素有直接的关系。衰弱古树的 Na 元素含量显著高于健康古树。北京市园林科学研究院古树保护专家李锦龄提出不同种类古树主要元素含量的适宜配比比例，古油松的 N∶P∶K 为 12∶1∶5，而古侧柏的则为 9∶1∶5。福建农林大学园林学院薛秋华等研究证实古槐叶片中 N、P、Mg 元素含量低于幼槐；Ca、Fe、Mn 含量则高于幼槐，K 元素含量在古槐和幼槐中基本相同。中国农业科学研究院李迎发现古柏叶片的营养元素含量变异系数较大，其中不可再利用元素的变异系数大于可再利用营养元素，古柏叶片中 N、P、K 三大营养元素均低于幼年柏树。清华大学何英姿等应用电子探针 X 射线微区分析技术研究了古白皮松衰老与矿质营养元素之间的关系，表明随着树木的衰老，细胞中的 K、Ca、Mg、Fe、Cu、Zn 等营养元素的含量明显降低，衰弱树中叶绿体有明显的缺 K 元素特征，特别衰弱古树中有 Fe 元素的积累。总之，衰老古树名木呈现明显的缺素症状。对古树生长地各层土壤的养分含量的测定结果表明，土壤中的有机质、全氮及速效氮均偏低，而速效钾、有效铁、有效铜及有效锌均偏高。而在松树中却是 Cu 离子及 Zn 离子的含量偏低，这可能与离子交互作用有关。土壤养分的状况决定古树体内矿质元素的丰缺程度。如果一种离子含量过高，则其他离子的吸收就会受到影响，使植株内离子间的平衡受到破坏，造成了古树生长过程中的营养缺乏。

6.营养元素的合理补偿范围

（1）古侧柏树：P元素在枝叶中含量应为 1404.04 ~ 1725.29μg/g；Fe元素在枝叶中含量应为 366.06 ~ 658.50μg/g；Zn元素在枝叶中含量应为 13.4 ~ 19.31μg/g；Ti元素在枝叶中含量应为 5.451 ~ 21.22μg/g。

（2）古白皮松树：Mg元素在枝叶中含量应为 2140.83 ~ 3857.67μg/g；Fe元素在枝叶中含量应为 157.66 ~ 311.94μg/g；Zn元素在枝叶中含量应为 15.76 ~ 23.79μg/g。

（3）古油松树：N元素在枝叶中含量应为 9768.13 ~ 16991.25μg/g；K元素在枝叶中含量应为 3629.27 ~ 7070.57μg/g。

— 延伸阅读 —

古树名木用不用施肥？

古树名木长期生活在同一地点，土壤矿质营养元素经多年选择吸收，若无外来补充，土壤肥力及其理化性能大为减退。为改善古树名木的生长条件，应根据古树名木需求的具体情况，科学合理按其生长规律进行适时适量的施肥、灌水，保证古树名木的健康生长。"树冠外围衰弱型"（即树冠向内回缩）古树名木，其吸收根系多数仅限于冠幅投影范围之内，采取改土、施肥、灌水等复壮措施，也应在此范围。根据古树名木的衰老程度，在树冠半径内的1/2~2/3处范围进行，过远则无效。

7.土壤有机质

土壤有机质对古树名木正常生长非常重要，它可以长期稳定、均衡地供给古树名木所需要的营养。微量元素能使土壤形成和保持良好的团粒结构，使土壤的水、肥、气、热等综合指标保持良好状态，土壤有机质含量是衡量土壤肥力的关键指标之一。土壤有机质含量应不低于1.5%，才能使古树保持良好的生长状况。

（二）土壤养分指标测定

土样要在古树名木吸收根附近取样，采集深度宜在60～100cm，土样采取点要均匀分布在古树名木四周，土样数量为5～10个即可。土壤化验主要测定容重、pH值、碱解氮、速效磷、速效钾、有机质含量、含水量7个指标。

1.土壤酸碱度即土壤pH值

土壤pH值是土壤基本性质之一，是土壤形成和熟化培肥过程的一个指标。太原市地区土壤pH值普遍呈碱性，数值在7.5~8.8之间。降低土壤pH值，改良土壤采用的方法是施用酸性土壤改良材料，与改良目标土拌匀即可。无机的改良材料主要是一些酸性化学物质，如石膏、磷石膏、硫黄粉、硫酸亚铁和过磷酸钙等，这些材料市场常见，购买方便，缺点是降低pH值的过程不是很稳定，而且容易反弹。酸性有机改良材料，如草炭、酸性有机基质，呈弱酸性的有机土壤等。酸性有机改良材料不但能降低土壤pH值，更重要的是能增加土壤有机质含量，效果比无机改良材料更好，且有效期更加持久。

例如：太原市尖草坪区窦大夫祠堂E040侧柏古树栽植土壤整体偏碱，经测定pH值为8.54，超出侧柏适宜生长的土壤pH最大阈值，因此需要对其进行改良。就侧柏古树复壮土壤而言，好的土壤物理结构性状和高有机质含量比单纯的调节土壤pH值更有利于植物生长。

2.土壤容重

土壤容重即土壤容积密度，是指土壤在未破坏自然结构的情况下，单位容积的质量，通常以g/cm³表示。土壤容重的大小与土壤质地、结构、有机质含量、土壤紧实度、松土措施等有关。砂土容积密度较大，黏土容积密度较小。一般腐殖质多的土壤容积密度较小，经过松土的土壤，其容重一般为

$1.00 \sim 1.30\text{g/cm}^3$，土层愈深则土壤容重愈大，可达 $1.40 \sim 1.60\text{g/cm}^3$。沼泽土的潜育层容积密度可达 $1.70 \sim 1.90\text{g/cm}^3$ 或更大。

3. 土壤碱解氮

土壤碱解氮的测定可以初步了解土壤的供氮能力，了解土壤有效态氮素的基本丰缺程度，为进一步全面把握土壤养分供应能力打下基础。土壤碱解氮含量的标准分级可分为五级，≤30mg/kg 为很低，30~60mg/kg 为低，60~90mg/kg 为中等，90~120mg/kg 为丰富，≥120mg/kg 为很丰富。

4. 土壤速效磷

磷元素是植物的重要营养元素，但土壤中磷的总储藏量对于植物养分的关系是间接的。植物所能接收的是水溶性和弱酸溶性的磷酸盐，测定土壤速效性磷含量可以作为了解这种土壤供应磷强度的指标。土壤速效磷分为三个等级，即≤5mg/kg 为低，5~10mg/kg 为中等，≥10mg/kg 为丰富。

5. 土壤速效钾

土壤速效钾等级划分为四级，即≤51mg/kg 为极低，51~83mg/kg 为低，84~116mg/kg 为中等，≥116mg/kg 为高。钾元素对提高古树名木抗逆性的作用非常显著，古树名木需要吸收利用大量的钾元素，其需求量一般是磷元素的5~10倍，和氮元素的需求量基本相当，因此需适当补充钾肥。施用过程中一定要注意控制钾肥施肥量，钾元素供应过多，会影响古树名木对钙和镁两种元素的吸收。

6. 土壤有机质

土壤有机质是土壤固相部分的重要组成部分，土壤有机质不仅能够为植物提供所需的各种营养元素，同时对土壤结构的形成、改善土壤理化性状有决定性作用。土壤肥力依据有机质量含量确定为四级，<5.0 g/kg 为极低，5.0~10.0 g/kg 为低，14.9~10.0 g/kg 为中等，≥15 g/kg 为高。

例如：太原市尖草坪区窦大夫祠堂古树侧柏 E040 周围土壤有机质含量偏低，而且分布不均匀，上表层 0~20cm 土壤有机质含量大于 20~40cm 土壤有机质含量，这不利于古树的长远生长发展需求。如何将有机质含量均匀地分布到古树名木根系生长的各个土壤空间，这是古树复壮的努力方向，应继续增施有机肥的同时，对土壤进行适度的耕翻，均匀混合土壤肥效，达到可持续为古树供应养分的目的。

三、古树名木地上部分与地下部分的关系

在古树名木的生活史中，地下部分和地上部分存在密切的相互关系。

（一）古树名木地下部分和地上部分存在相互依赖关系

地下部分的生命活动必须依赖地上部分产生的糖类、蛋白质、维生素和某些生长物质，而地上部分的生命活动也必须依赖地下部分吸收的水分养分以及产生的氨基酸和某些生长物质。地下部分和地上部分在物质上的相互供应，使得它们相互促进，共同发展。"根深叶茂""本固枝荣"等就是对这种关系最生动的说明。

— 延伸阅读 —

古树名木生长越快越好吗？

改变古树名木生长越快越好的理念。要以培养健壮的古树名木为根本，通过调整古树复壮的营养比例，使古树的枝叶生长充实而健壮。古树名木有时由于水分充足，气候条件适宜或自身生理调节加快，使得枝叶生长异常超过平均水平，这对于古树名木也是不利的。面对异常水平的徒长，应加强观察，采取控制水肥，人工修剪等手段加以调节。

（二）古树名木地下部分和地上部分存在一定的对应关系

古树名木上部的大骨干枝条与地下部分的骨干根系相对应，例如，古树名木一个方向的地上部分枝叶繁茂，那么这个方向的地下部分的根系也发达。我们常用"那边枝叶旺，那边根就壮"形容。古树名木复壮工作中的第一要点就是要仔细观察古树活着的骨干枝条，就能大概判断出该古树的骨干根系的分布范围和位置，然后根据场地的实际情况，选择长势强壮的骨干根和长势较弱的骨干根采取不同的复壮方案。例如，对长势旺的骨干根系，主要向土壤中添加固体肥料，便于长期利用。向长势弱的骨干系，在开挖复壮沟的

过程中要尽力保留好其须根，用湿布盖好或包好，添加的复壮物质最好为低浓度复壮液体肥料或生长激素，便于根系吸收。

（三）古树名木的地下部分和地上部分存在一定的制约关系

地下部分和地上部分的相互关系还表现在它们的相互制约。除这两部分的生长都需要营养物质从而会表现竞争性的制约外，还会由于环境条件对它们的影响不同而表现不同的反应。例如当土壤含水量开始下降时，地下部分一般不易发生水分亏缺而照常生长，但地上部分茎、叶的蒸腾和生长却因水分供不应求而明显受到抑制；地上部分的新梢生长旺盛，则地下部分的根系生长受到明显的抑制，反之，地上部分的枝叶生长停滞，地下部分的根系就开始加速生长，贮存能量和物质。在夏秋季节，利用通气管可以向树体根部输送营养液，对于古树根系贮存能量物质，提高抗逆性具有积极的作用。

地下部分和地上部分的质量之比，称为根冠比。虽然它只是一个相对数值，但它可以反映出古树名木的生长状况，以及环境条件对古树名木地下部分和地上部分的不同影响。一般来说，温度较高、土壤水分较多、氮肥充足、磷肥供应较少、光照较强时，常有利于地上部分的生长，所以根冠比降低；而在相反的情况下，则常有利于地下部分的生长，所以根冠比增大。对于古树保护而言，提高根冠比是一项重要的长期任务，增加古树根系活力是提高根冠比的核心工作。

— 延伸阅读 —

古树名木的地上部分和地下部分哪个对环境更敏感？

古树名木的地下部分比地上部分有着更敏感的反馈机制。地上部分在温度、光照、空气、热量等参数的瞬息变化过程中，古树名木能表现较强的适应性。适应性表现在温、光、气、热等变化较大的范围内，其本身不会出现不良反应，不会影响自身性状表现与生理生化上的调整改变。而古树名木根系部位却对外界环境有着敏感反应，比如温度，哪怕只有几摄氏度的轻微变化，就会对其生长产生极大的影响，这就表明古树名木根系的敏感性大大地超过地上部分。探究造成古树名木的地下部分比地上部分对环境变化更敏感的原因，这也许与植物进化过程中土壤环境因子变化相对稳定有关。植物的整个系统其实就是内稳态的耗散系统，只要有利于系统内部的稳定，就有利于各项代谢的正常进行，而变化大的地上环境难以使植株作为自我调整控制的信号参考，只有在外界环境造成极大胁迫时才会做出自我调整的自适应反应。这种反馈控制是主动的，而且是在短时间内完成的。同样的温差变化，在地上部分即使有十多度的短时温差变化，也不会让古树名木做出即时反应。相对而言，根部周围土壤湿度的变化，也会导致地下部分迅速做出反应，这种反应机制对于植物的适应生存是有利的，它能按环境变化做出自我适应的调节反应。在年周期中，一般土壤温度的变化是因四季变迁而较为稳定的变化，这与作为控制中心的重要器官——根部来说是极为重要的，它必须选择较为稳定的区域作为反馈参照。一旦根部的稳定环境打破，必然带来不可弥补的严重后果。

例如，冬季大量融雪剂的使用会极大地破坏古树名木的根系环境。太原市东缉虎营的一株古树由于2012年冬季树体周围开展地下管网改造，造成供热管道破裂，热气短期内显著改变了土壤环境，极大地伤害了该古树的根系，致使第二年古树春季正常发芽受到严重影响。

四、古树名木健康生理指标

植物营养化验不仅要化验植物内营养元素的含量，而且需测定SOD、POD、CAT等多种酶活性、含水量、脯氨酸含量、叶绿素含量及根系活力。古树名木植物生理指标化验的取样非常关键，要根据树体实际情况而定，叶片样本为顶梢生长成熟的叶片。从上述植物生理指标可以统计得出古树名木健康状况。

（一）超氧化物歧化酶（SOD）活性测定
采用氮蓝四唑（NBT）光还原法测定（李合生，2000年）。

计算公式：$SOD总活性 = \dfrac{\left(A_{CK} - A_E\right) \times V}{A_{CK} \times 0.5 \times W \times a}$

A_{CK}：光照对照管的消光度值，A_E：样品管的消光度值，V：样液的总体积（ml），a：测定样品的用量（ml），W：样品重量（g）。

（二）过氧化物酶（POD）活性测定

采用愈创木酚显色法测定（陈东明，1999年）。

计算公式：$POD总活性 = \dfrac{\triangle A_{470} \times V}{a \times W}$

$\triangle A_{470}$：反应时间内吸光值的变化，V：酶液的总体积（ml），a：测定时酶液的用量（ml），W：样品重量（g）。

（三）过氧化氢酶（CAT）活性测定

根据吸光量的变化速度测定其活性（刘公明，1997年）。

计算公式：$CAT活性\, U\left(\dfrac{g}{\min}\right) = \dfrac{\triangle A_{240} \times V_T}{V_S \times 0.1 \times W \times t}$

$\triangle A_{240} = A_{S0} - \dfrac{A_{S1} - A_{S2}}{2}$

A_{S0}：加入煮死酶液的对照管吸光值，A_{S1}、A_{S2}：样品管吸光值，V_T：粗酶提取液的总体积（ml），V_S：测定用粗酶液体积（ml）t：加过氧化氢酶到最后一次读数时间（min），W：样品重量（g）。

（四）丙二醛（MDA）测定

采用硫代巴比妥酸（TBA）显色法测定。

MDA浓度（μmol/L）$C = 6.45 \times \left(A_{532} - A_{600}\right) - 0.56 \times A_{450}$

MDA含量（μmol/g）$= C \times V / W$

A_{532}：在532nm波长下测得的吸光度值，A_{600}：在600nm波长下测得的吸光度值，A_{450}：在450nm波长下测得的吸光度值，V：酶液的总体积（ml），W：样品重量（g）。

(五) 叶绿素含量的测定

利用分光光度计测定叶绿素含量。

80%丙酮直接浸提法：将新鲜的叶片切成0.2cm左右的小方块，称取0.1 g，放入20ml具塞刻度试管中。

在试管中加入10ml的80%丙酮，避免叶片粘在管壁，盖上瓶塞，盖上黑色布，放在常温下过夜。

24小时后取出试管，看叶片是否已发白，发白后，就可测叶绿素含量。

把叶绿素提取液倒入配套的比色杯中，用分光光度计分别在645nm、663nm两个波长下测定吸光度，以相应丙酮为空白对照。按公式计算叶绿素含量。

$$Ca = 12.72 \times A\,663 - 2.59 \times A\,645 \qquad (1)$$

$$Cb = 22.88 \times A\,645 - 4.67 \times A\,663 \qquad (2)$$

$$CT = Ca + Cb \qquad (3)$$

求得叶绿素浓度后再按下列公式计算叶绿素含量

叶绿素含量 $= n \times (C \times VT) / (FW \times 1000)$

式中，

C：叶绿素的浓度（mg/ml）；FW：鲜重（g）；VT：提取液总体积（ml）；n：稀释倍数。

根据相关资料显示，北京地区的生长势正常古树叶绿素含量如下：

古柏类：11.314 ~ 14.9μg/g；

古白皮松：11.016 ~ 19.294μg/g；

古油松树：7.701 ~ 14.319μg/g。

第四篇　古树名木日常养护管理

古树名木日常养护工作只针对正常株和轻微衰弱株，严重衰弱株和濒危株养护是解决不了问题的，需要紧急采取复壮施工措施加以保护。

一、古树名木日常巡查要求

1. 建立古树名木日常巡查制度，做好每株古树名木日常巡查工作记录手册（参见附表1和附表2），拍照登记。收集整理相关资料。

2. 巡查古树名木保护设施（如围栏、支撑、挂牌等）有无破损、丢失等。古树标示牌悬挂高度一般在1.5~1.8m处即可。

3. 古树名木树冠垂直投影外沿5m范围内，严禁动土施工、铺设不透气铺装、堆置杂物或垃圾、焚烧杂物、燃放烟花爆竹、倾倒污水、搭设临时建筑物、停滞车辆、饲养动物等有碍古树名木正常生长的活动。

4. 古树名木必须有合理的生长空间，保证其有充足营养空间和光照。

5. 严禁在树体上钉钉、刻画、拉线、挂物，严禁以古树名木为支撑点施工作业，严禁私自采摘果实、种子、攀折枝条、剥损树皮等破坏行为。

6. 走访古树名木驻地单位或居民，咨询古树生长情况。

7. 正常养护包含浇水、施肥、打药、修剪、病虫害防治等措施。

— 延伸阅读 —

古树名木养护一次后就可以就不再过问？

改变一次性养护后不再过问的错误理念。古树名木养护不是毕其功于一役，而是久久为功，日久见效果。

古树名木的衰弱是逐步形成的，保护和复壮也应是长期、连续性的系统工程。对已保护过的古树名木要定期察看，检查支撑是否到位，围箍垫物是否活动、是否脱落或卡得过紧，避雷设施是否安全可靠，古树名木围栏是否破损，古树名木树冠是否需要修剪，病虫害情况，土壤是否干旱等，发现问题都应及时采取措施补救。

定期对古树名木安全隐患进行排查，发现问题，及时采取措施解决问题。检查的重点部位是根颈部、分杈处、主枝的向阳面和主干、主枝的朝天洞穴，必要时可采用探伤仪测定心腐的程度，一般心腐达到干粗的1/3以上即应考虑支撑加固处理。

二、浇水与排水

浇水很重要，古树体内70%以上是水分，水分的作用是相当大的。如何提高古树名木浇灌的有效性，怎样浇水？什么时候浇水？这个需要明确具体操作。浇水的主要判断依据就是土壤的干旱程度和树叶的萎靡程度。古树名木浇水应在其吸收根分布范围内进行。遇到土壤密实、不透气硬质铺装等障碍因素时，应根据实际情况松土、换土、破硬化、扩大树池范围等措施保障古树吸收水分的面积。

太原地区古树名木一年有三次最重要的浇水：即3月的解冻水，五六月的救命水，11月的封冻水。太原地区春季干旱少雨，浇灌春水非常重要。3月至5月是太原地区最为干旱的月份，尤其4月下旬至5月中下旬，气温高，降水稀少，经常刮干热风，对古树名木的正常生长发育造成严重影响。封冻水浇灌时间为每年的11月冬季上冻前。这三次浇水一定要落实到位，浇灌足量。如果古树名木位置偏僻，浇灌困难，根据实际情况确定落叶树种古树一年至少需完成三次浇水，常绿树种古树至少需完成一次浇水。每次浇灌要求水的渗透深度应在80cm以上。

在古树生理干旱时期，多应用叶面喷水（古树生理干旱有五个方面：严重干旱、伤根、烂根、冻害、积水）。由于环境原因造成古树名木叶片尘埃多时，应喷水淋洗叶面。喷水时间应选择在晴天上午11时之前，下午4时之后进行，不应在炎热中午进行喷水作业。喷水应采用雾化设施，均匀喷施树冠。

太原地区古树名木多数为不耐涝树种，但有少数古树名木生存地势低洼，易产生积水问题，应及时采取挖设沟渠、渗水井、铺设排水管道等措施排水，必要时根据实际情况使用抽水机排水。

三、季节日常养护管理措施要求

（一）春季养护管理措施要求

1.检查古树名木的支撑、加固、拉纤、围箍、围栏、标示牌等保护设施。

2.根据古树名木主要病虫害危害规律特点及天气状况，加强春季病虫害预报预测及防治工作，例如：2月下旬至3月上旬，设置饵木诱杀常绿古树名木蛀干害虫成虫（以双条杉天牛和小蠹虫为主），将直径4cm以上，长1m左右的新鲜柏木堆，放置在生长势衰弱的柏树附近的向阳处，引诱成虫产卵并人工捕杀成虫，诱杀结束后收集饵木并销毁。3月上旬（即春分时节前后）开始常绿古树名木的全年第一次集中喷药封干，重点防治蛀干害虫和叶部害虫；落叶古树名木展叶后，喷药防治如蚜虫、蚧壳虫、叶螨等叶部害虫。3月中下旬重点防治草履蚧、油松毛虫等叶部害虫，可在常发生危害的古树名木树干缠干或涂药环。

3.根据气候特点、树种习性和土壤含水量情况，适时浇灌返青水。浇水后应及时松土。

4.2月下旬至4月上旬期间，可向常绿古树名木树冠喷水雾，清除叶面落灰及部分越冬虫卵或幼虫。

5.春季是太原地区古树名木施肥最佳时期，结合土壤和古树名木营养分析结果，进行配方施肥，以适量腐熟的有机肥、无机复合肥、生物活性菌肥、微生物菌肥等为宜。施肥宜采用放射沟、多点位坑穴方式在树冠垂直投影范围内进行，应将肥料与土壤拌匀，填入放射沟或坑穴内，填充后应立即浇水。

6.古树名木树体有外伤的，应进行消毒，防腐处理。

7.对开花过多且已影响生长势的古树名木应进行疏花，疏花方式可采用高压水枪冲洗。

（二）夏季养护管理措施要求

1.根据病虫害发生特点，加强夏季高温、干旱等灾害天气下古树名木病虫害的日常检查与防治。4月中下旬至5月上旬，第二次病虫害集中防治，重点防治常绿和落叶古树名木叶部害虫。5月中下旬生长势衰弱的古树名木可采用树干释放天敌生物如肿腿蜂、蒲螨等防治蛀干害虫。

2.根据天气情况和土壤含水量，及时浇水，并对古树名木保护范围内土壤进行中耕松土。

3.雨季来临前，对有安全隐患的古树名木完成枝条修剪、支撑、加固及朝天树洞封堵工作，清理枯枝、病虫枝，加强树冠通风。依据古树名木与周边场地、建筑三者之间的位置关系，提前做好避雷设施。

4.做好雨季来临前古树名木根部土壤的防涝排水，防止水土流失，切实保护好护根、护坡等根部生长环境。

5.根据古树名木生长情况确定喷施叶面肥计划。喷施叶面肥所使用的肥料根据树木叶片缺乏营养素来确定。宜采用喷雾作业方式施用叶面肥，将药液均匀地喷施在叶片的背面，叶面肥喷施应10天一次，喷施次数以叶片基本恢复正常为准。叶面肥喷施应选择在晴朗天的上午十时前或下午十六时后，严禁中午炎热时间段作业。

（三）秋季养护管理措施要求

1.根据古树名木生长状况，做好中耕松土，适当控制施肥、喷施叶面肥数量和次数，防止古树名木徒长。

2.根据天气状况和土壤含水量，适时浇水，防止过早黄叶、落叶。

3.全面检查古树名木生长状况，生长势衰弱的古树名木可在10月中下旬增加实施地下部分保护复壮施工。

4.加强古树名木病虫害日常养护管理的检查和防治。9月上旬开始第三次病虫害集中防治，重点防治常绿和落叶古树名木的蛀干害虫和叶部害虫，如叶螨、蚜虫、蚧壳虫、木蠹蛾等。

5.应对坐果过多已影响生长势的古树名木进行疏果作业，在幼果期人工疏果。

（四）冬季养护管理措施要求

1.11月上旬开始第四次古树名木病虫害的集中防治，重点防治准备越冬的叶部害虫，如叶螨、蚜虫、蚧壳虫等。

2.11月中下旬完成古树名木越冬水浇灌工作。

3.做好生长势衰弱古树名木的防冻工作，如搭设风障、缠干、培土、树干涂白等。

4.采取人工捉、挖、刷、刮、剪等方法，清理树下土壤及周围环境隐蔽处的幼虫、蛹、成虫、茧、卵块等。环境条件允许的情况下对树干涂药。

5.清理干净古树名木周边地区的枯枝落叶，病虫枝。

6.做好冬季防火日常检查工作。

7.严禁含有融雪剂的雪堆积在古树名木保护范围内。

四、灾害天气防范

（一）雪灾防范

冬季降雪达到大雪级别时，应组织人员及时用竹竿去除古树名木树冠上的积雪，树干周围严禁堆积积雪。

（二）强风防范

根据天气预报，适时做好强风防范工作，防止古树名木整体倒伏或枝干劈裂。应提前检查古树名木的支撑、围箍、拉纤等是否完好，设置位置是否合理，及时增加、维护或更新已有加固设施。

（三）雷击防范

雨季来临前，应及时检查古树名木的防雷电设施，必要时请专业部门进行检测并安装避雷设施。

（四）雨季防范

1.开启夏季强对流灾害天气预警提示工作，根据天气预报做好古树名木保护工作。

2.雷雨天气来临之前，提前检查支撑、围箍等固定设施，易积水处应提前做好排水渠道挖设、准备排水泵等应急准备工作。古树名木立地环境为湿陷性地质土壤、回填土，注意做好导流排水，土壤踏实，增设挡墙等工作，保证不因降雨积水而土壤塌陷，确保古树名木安全度汛。

3.根据古树的重心位置，采取临时支护、堆土等措施，防止夏季多雨，土壤塌陷造成古树倾倒。

4.夏季强对流天气易造成古树枝条劈裂、折断，适时开展古树树冠整理，减少古树迎风面积。

表4.1 太原地区主要古树树种习性及管护注意事项

序号	树种	生 活 习 性	养护管理注意事项
1	油松	阳性树种,深根性,喜光、抗瘠薄、抗风,在土层深厚、排水良好的酸性、中性或钙质黄土上生长良好,极其耐寒。	经常性地松土,防止土壤板结;禁止土壤在油松根茎部堆积;针叶保持清洁,严控粉尘污染;浇水要适量,切勿多浇水,严禁积水。油松古树周围不宜种植地被植物。油松古树不耐盐碱,切勿大肥大水粗放式养护。
2	白皮松	喜光树种,耐瘠薄土壤及较干冷的气候;在气候温凉、土层深厚、肥润的钙质土和黄土上生长良好。深根性,极其耐寒,适宜在pH值7.5~8.5的土壤中生长。在高温、高湿的条件下生长不良,在排水不良或积水地方生长不佳。	白皮松对土壤透气性要求高,经常性地松土,防止土壤板结;禁止在白皮松根茎部埋土;浇水量要适量,切勿多浇水,严禁积水。白皮松不宜多施肥,白皮松古树周围不宜种植草坪等地被植物。
3	侧柏	喜光,适应性强,对土壤要求不严,在酸性、中性、石灰性和轻盐碱土壤中均可生长。侧柏能适应干冷气候,抗盐碱力较强,耐干旱瘠薄,耐寒力强,耐高温、浅根性,抗风能力较弱。	太原地区寺庙多侧柏古树,一定要保证土壤的透气性,防止土壤板结,严禁大面积硬化铺装,严格控制浇水量,严禁水涝。侧柏古树不宜多施肥;重点防控柏肤小蠹等蛀干害虫危害。

续表

序号	树种	生活习性	养护管理注意事项
4	桧柏	喜光树种,喜温凉、温暖气候及湿润土壤。在中性、深厚而排水良好处生长最佳,也能适应中性土、钙质土及微酸性土;深根性,侧根发达;对土壤的干旱及潮湿均有一定的抗性,忌水湿;对多种有害气体有一定抗性。	桧柏古树对土壤透气性要求高,经常性地松土;浇水要适量,切勿多浇水,严禁积水。桧柏不宜多施肥。
5	银杏	喜光树种,对土壤条件要求不严,以土层深厚、土壤湿润肥沃、排水良好的中性或微酸性土为宜,在偏碱性土壤中也能正常生长。	银杏喜湿但不耐涝,严禁水淹或积水;银杏对碱性过大的土壤不适应,严禁接触融雪剂;银杏属于深根系树种,对土壤透气性要求较高;银杏树喜肥,可适当增加肥料供给。银杏病虫害极少,适应性强。
6	国槐	性耐寒,喜阳光,稍耐荫,不耐荫湿而抗旱,在低洼积水处生长不良;深根性树种,对土壤要求不严,较耐瘠薄,石灰及轻度盐碱地(含盐量0.15%左右)上也能正常生长;在湿润、肥沃、深厚、排水良好的沙质土壤上生长最佳。	国槐是太原市数量最多的古树树种,适应性极强,严禁遮光、积水或水涝,国槐古树对土壤透气性要求高,严禁在其根系生长范围内硬质铺装。夏季干旱,国槐古树易发生槐蚜、国槐尺蠖等危害,注意提前防治。
7	榆树	阳性树种,喜光,耐旱,耐寒,耐瘠薄,不择土壤,适应性很强。根系发达,抗风力、保土力强。寿命长,能耐干冷气候及中度盐碱,不耐水湿。具抗污染性,叶面滞尘能力强。	榆树耐干旱不耐水湿,加强浇水管理;榆树春夏季节常发生榆毒蛾、绿尾大蚕蛾等食叶害虫危害,注意提前防治。
8	旱柳	浅根性树种,喜湿润排水良好的砂壤土,河滩、河谷、低湿地都能生长,忌黏土及低洼积水,在干旱沙丘生长不良。	旱柳木质松软易发生朽蚀,多虫害,加强防治蚂蚁等虫害侵蚀主干,每年春夏季节注意防治虫害。旱柳耐水湿,但不耐长期水涝。
9	楸树	喜光,较耐寒,喜深厚肥沃湿润的土壤,不耐干旱、积水,忌地下水位过高,稍耐盐碱。	注意防治珀蝽、泡桐龟甲、白肾夜蛾、霜天蛾、大青叶蝉等害虫,楸树在水湿环境中易发生炭疽病。

续表

序号	树种	生 活 习 性	养护管理注意事项
10	枣树	耐旱、耐涝性较强,对土壤适应性强,耐贫瘠、耐盐碱。	枣树适应性强,但在疏松、深厚、肥水充足的土壤条件下生长发育会更好,必须加强土、肥、水管理。
11	君迁子	喜光,也耐半阴,较耐寒,既耐旱,又耐水湿。喜肥沃深厚的土壤,较耐瘠薄,对土壤要求不严,有一定的耐盐碱力,在 pH 值 8.7、含盐量 0.17% 的轻度盐碱土中能正常生长。寿命较长,浅根系,根系发达。	对有害气体二氧化硫及氯气的抗性弱。注意防控炭疽病、圆斑病等病害,虫害较少,加强土、水、肥的日常管理,提高其树势。
12	皂角	喜光而稍耐阴,喜温暖湿润气候及肥沃土壤,亦耐寒冷和干旱,对土壤要求不严。	为提高皂角树势,土壤需要增加丰富的有机质,土质为沙质壤土是最好的,严禁选重黏土或纯沙土。更换营养土注意防治土传病害,以免引发皂角枯萎病发生。
13	酸枣	常生长于向阳、干燥山坡、丘陵、岗地或平原。耐干旱,不耐水湿。	酸枣病虫害较少,注意其生长环境不可积水,根系生长范围内多松土,保持土壤良好透气性。
14	小叶朴	喜光,耐阴,喜肥厚湿润疏松的土壤,也耐干旱瘠薄,耐轻度盐碱,耐水湿。	抗性强,病虫害较少;正常日常养护管理即可。
15	紫藤	属于强直根性植物,侧根少,不择土壤,但以湿润、肥沃、排水良好的土壤为最宜,过度潮湿易烂根。	太原市古紫藤多攀缘在死亡的侧柏、臭椿树体,要保证其结实牢固,必要时设置支撑。紫藤日常养护应加强水肥管理。
16	华北卫矛	喜光、耐寒、耐旱、稍耐阴,也耐水湿;为深根性植物,根萌蘖力强,生长较慢。有较强的适应能力,对土壤要求不严,中性土和微酸性土均能适应,最适宜栽植在肥沃、湿润的土壤中。	夏季食叶害虫卫矛尺蠖危害经常发生,注意提前防治。根据天气状况,适当增加水肥。
17	栾树	喜光,稍耐半阴的植物;耐寒;但是不耐水淹,耐干旱和瘠薄,对环境的适应性强,喜欢生长于石灰质土壤中,耐盐渍及短期水涝。	病虫害少,土质以深厚,湿润的土壤最为适宜。经常松土,保持土壤透气性,适当增加水肥。

续表

序号	树种	生 活 习 性	养护管理注意事项
18	丁香	喜光,喜温暖、湿润及阳光充足。稍耐荫,阴处或半阴处生长衰弱,开花稀少。具有一定耐寒性和较强的耐旱力。对土壤的要求不严,耐瘠薄,喜肥沃、排水良好的土壤。	忌在低洼地种植,积水会引起病害,直至全株死亡。丁香病虫害较少,日常养管需控制过多浇灌,适当增加肥料。
19	白蜡	阳性树种,喜光,对土壤的适应性较强,在酸性土、中性土及钙质土上均能生长,耐轻度盐碱,喜湿润、肥沃和沙壤质土壤。	白蜡树属于喜水树种,适当增加浇水次数,以利白蜡树体有充足的水分供应,从而保持古树处于生长旺盛的态势。白蜡古树易受白蜡吉丁虫、蚜虫、天牛等危害,注意防治。
20	梓树	阳性树种,喜欢光照,稍耐半阴,比较耐严寒,适应性强,微酸性、中性以及稍有钙质化的土壤上都能正常生长。梓树为深根性树种,喜欢深厚肥沃并且湿润的沙壤质土壤,可以耐轻度盐碱土质,不耐干旱和瘠薄土壤;抵抗污染的能力很强,对生活和工业烟尘及二氧化硫等有毒有害气体抗性较强。	梓树喜水肥,日常养管应适当增加水肥供应,保证古树正常生理需要;梓树皮、叶具有杀虫功效,因而病虫害较少。常见病虫害主要为金龟子、蝼蛄等地下害虫;加强防治工作。
21	桑树	喜温暖湿润气候,稍耐荫。耐旱,不耐涝,耐瘠薄。对土壤的适应性强。	桑树喜水肥,日常养管应适当增加水肥供应,保证古树正常生理需要;加强日常松土,古树根系生长范围内不得硬质铺装。
22	核桃	喜光,耐寒,抗旱、抗病能力强,适应多种土壤生长,喜肥沃湿润的沙质壤土,但对水肥要求不严。	病害主要是腐烂病和白粉病,虫害主要有刺蛾和举肢蛾,日常需要加强防治;控制浇水次数和数量,适当增加养分;加强日常松土工作。
23	牡丹	喜温暖、干燥、阳光充足的环境;喜光,但怕烈日直射,也耐半阴,耐寒,耐干旱、耐弱碱,忌积水,怕热;适宜在疏松、深厚、肥沃、地势高燥、排水良好的中性沙壤质土壤中生长,酸性或黏重土壤中生长不良。	充足的阳光对其生长较为有利,但不耐夏季烈日暴晒;喜水肥,应加强牡丹花期前的水肥管理,严禁积水或水涝,疏松土壤,增强其生长势。注意防治白粉病、炭疽病、溃疡病、红蜘蛛等病虫害。

续表

序号	树种	生 活 习 性	养护管理注意事项
24	椴树	对土壤要求严格,适生于深厚、肥沃、湿润的土壤,山谷、山坡均可生长。其深根性,喜光,喜肥,不耐水湿,耐寒,抗毒性强,虫害少。	椴树病虫害比较少,主要是预防舞毒蛾;增加水肥供应,严禁积水或水涝,增加疏松土壤的次数。
25	杏树	阳性树种,适应性强,深根性,喜光,耐旱,抗寒,抗风,寿命可达百年以上,为低山丘陵地带的主要栽培果树。	注意防治杏疮痂病、杏细菌性穿孔病、蚧壳虫等病虫害,注意增加杏树水肥供应,疏松土壤,促进杏树古树生长势旺盛。

第五篇　古树名木病虫害防治

一、古树名木病虫害防治原则

古树名木易受病虫害侵害，感染病虫害的几率要高于同树种树龄小的树木。要切实加强贯彻"预防为主，综合防治"的原则，推广和应用低毒无公害的生物药剂，定期检查，及时防治，科学合理使用农药，注意保护天敌，减少环境污染。古树名木病虫害往往会出现多发情况，例如：古树名木前期受到食叶害虫、病害等危害（参见表5-1，表5-2，表5-3，表5-4），树体消耗水分与养分，使得树木生长势下降，树势衰弱，又进一步使得蛀干害虫趁虚而入，破坏树木的输导组织，加速古树名木的死亡。

表5-1　古树名木虫害防治措施

危害部位	防治方法	防　治　措　施
叶花果	生物防治	释放白蛾、周氏啮小蜂、瓢虫、草蛉，施用生物农药。
	物理防治	捕杀幼虫、成虫，剪除有虫及虫卵的枝条并集中销毁，摘除虫囊虫茧，挖除虫蛹，采用灯光诱杀等措施。
	化学防治	选用氯氰菊酯乳油、灭幼脲、除虫脲悬浮剂等药剂防治。
枝干	生物防治	吸引啄木鸟，释放管氏肿腿蜂、蒲螨、麦蒲螨、芫菁夜蛾线虫、白僵菌等。
	物理防治	人工剪除有虫卵、虫瘿等枝条，刮除树皮缝隙卵块，人工诱杀成虫，剔除幼虫，采用饵木诱杀、树干涂白、灯光诱杀等。

续表

危害部位	防治方法	防 治 措 施
枝干	化学防治	采用毒扦、熏蒸、毒饵、药物涂抹、注射、喷施,施用石硫合剂等措施。
根部	物理防治	采用诱虫灯、食饵、诱饵、人工诱杀成虫、微生物菌肥和生物活性有机肥等措施。
	化学防治	当地下害虫严重时,使用化学农药。

表5-2 古树名木病害防治措施

危害部位	防治方法	防 治 措 施
叶、花、果	物理防治	清除染病的叶、花、果。
	化学防治	树冠喷施杀菌剂。
枝干	物理防治	人工剪除病枝或刮除枝干病斑并集中销毁。
	化学防治	采用农药灌根、药剂涂抹、入冬前在枝干部涂抹石硫合剂,喷施波尔多液、树干涂白等措施。
根部	生物防治	接种K-84菌剂、E-26菌剂、菌根剂,土壤施用微生物菌肥和生物活性有机肥等措施。
	物理防治	清除病残体,剪除侵染源,集中销毁。
	化学防治	采用杀菌剂或杀虫剂灌根。

表5-3 古树名木常见危害动植物种类及防治措施

类 型	常见种类	防 治 措 施
有害动物	蜗牛、鼠妇、马陆、田鼠等	人工捕捉。
		选用8%灭蜗灵颗粒剂或10%多聚乙醛颗粒剂,90%敌百虫1000倍液、50%辛硫磷乳油1000倍液,2.5%溴氰菊酯3000倍液等喷施防治。灭鼠选用大隆、溴敌隆两种药剂。
有害植物	菟丝子、山荞麦、桑寄生、槲寄生等	人工铲除缠绕枝干或根系周围的有害植物,彻底清理树体、土壤中残留的有害植物根系。

表5-4　古树名木主要病虫害种类及防治措施

危害类型	常见主要种类	防治措施
叶花果害虫	刺蛾类、袋蛾类、大蚕蛾类、天蛾类、尺蛾类、毒蛾类、夜蛾类、巢蛾类、枯叶蛾类、螟蛾类、灯蛾类、卷蛾类、叶蜂类、舟蛾类、叶甲类。	(1)2.5%溴氯菊乳油5000~8000倍液、25%灭幼脲Ⅲ号1500~2000倍液、20%除虫脲悬浮剂5000~7000倍液喷施防治。(2)苏云金杆菌(Bt)可湿性粉剂(800IU/mg)500~800倍液喷施防治。(3)白僵菌100亿孢子/克50~100倍液喷雾;1.2%苦参碱·烟碱乳油800~1500倍液喷施防治。(4)灯光诱杀成虫。
	蝉类、蚜虫、木虱类、粉虱类、蚧虫类、螬类、蓟马类、叶螨类等。	(1)释放瓢虫、食蚜蝇、草蛉、蚜小蜂、芽茧蜂等天敌昆虫进行防治,用黄色虫板诱杀粉虱及有翅蚜;(2)20%吡虫啉可溶性液5000倍液2.5%溴氰菊酯乳油3000倍液、3%高渗苯氧威乳油3000倍液喷洒防治;蚧虫及叶螨类在冬季树木落叶后喷3~5波美度的石硫合剂进行防治。
枝干害虫	天牛类、小蠹虫类、吉丁虫类、象甲类、螟蛾类、透翅蛾类、茎蜂类、树蜂类、蚁类等。	(1)释放管氏肿腿蜂、花绒寄甲等天敌昆虫进行防治。(2)磷化铝片按每虫孔1/4片堵蛀孔后用湿泥封孔(操作时必须确保安全),成虫期用8%溴氯菊酯微胶囊悬浮剂1:(200~400)倍液喷干;在被害部位包裹塑料布,内投3~5片磷化铝片密闭熏杀;清除虫害枝干。(3)白蚁类用甘蔗渣、核树皮作引诱材料,加入0.5%~1%菊酯类药物或灭幼脲Ⅲ号、抑太保诱杀;树干涂白。
根部害虫	金针虫类、象甲类、蝼蛄、金龟子幼虫(蛴螬)、白蚁。	(1)50%亚胺硫磷加水稀释均匀喷洒于土壤表层,随即浅翻土壤、灌水使土壤浸湿到虫体活动层。(2)人工捕杀成虫,清除受害根部。
叶、花、果病害	锈病、白粉病、炭疽病、煤污病、叶斑病等。	查找侵染来源并切断传播途径;清除携带锈病、白粉病、炭疽病的叶、花、果;刮除病斑并集中销毁;用多菌灵、粉锈宁、代森锌等杀菌剂喷洒防治。
枝干病害	溃疡病、丛枝病、烂皮病、炭疽病、腐烂病、枯梢病。	入冬前枝干涂抹石硫合剂或施波尔多液预防病害发生;人工剪除病枝或刮除枝干病变部位并集中销毁,枝干注药,根部注药。
根部病害	枯萎病、黄萎病、根腐病、茎基腐烂病、根癌病、根结线虫病以及紫纹羽病等	清除病残体,剪除侵染源用立枯灵、多菌灵、K84、E26等杀菌剂灌根、消毒;改良土壤理化性状,提高根部抗病能力。

二、古树名木病虫害防治主要技术措施

（一）树干药物包扎技术

1.封干涂药法

采用国光牌"秀剑套餐"（蛀干害虫）100～200倍液涂干杀灭害虫的幼虫、成虫和卵。

使用方法：将树虫康或蛀虫清10倍液，在蛀干害虫成虫羽化盛期，用板刷将稀释后的药剂在树干上均匀涂抹，以树干充分湿润、药剂不下流为宜，涂药后用40cm宽的塑料薄膜从下往上绕树干密封，在涂药包扎15天后，拆除塑料薄膜。

2.粘虫胶法

对于一些具有上下树迁移习性的害虫，如危害柳、榆、槐等古树的春尺蠖、杨毒蛾，危害松树的松毛虫，危害槐树、构树、枣树等的朱砂叶螨等害虫，可使用粘虫胶将其粘住致死（图5-1）。

图5-1　粘虫胶

使用方法：一是可直接将粘虫胶涂在树干上；二是先用1.5cm~2cm宽的胶带在主干光滑的部位缠绕一圈，然后将粘虫胶均匀地涂在上面。涂抹时不要粘着杂草，

图5-2　油松古树药树衣缠干

图5-3　侧柏古树药树衣缠干

图5-4 喷药处理

以防杂草搭桥，产生离体，使害虫摆脱粘胶逃离。

3.药树衣裹干法

此方法采用气味驱离蛀干害虫的原理保护古树名木。药树衣裹干法对作业时间有着严格要求，蛀干害虫在古树名木产卵时期使用最佳，每年春分和秋分时节最好。该方法防治效果较好，对古树名木树体伤害小（图5-2，图5-3）。

使用方法：使用透气性好的麻袋片子，浸泡在2000~3000倍液菊酯类强挥发气味的药液中12小时，然后将药物麻袋片子对古树名木缠裹结实。一段时间后，药效失去，再用喷雾器对树衣进行菊酯类杀虫剂喷药处理（图5-4）。

4.毒环阻隔法

涂抹，绑扎阻隔毒环。

使用方法：将20%的杀灭菊酯乳油50倍液或2.5%的溴菊酯30倍液，用柴油作稀释剂，混合稀释完成后，将制剂在树干1m处喷施均匀，然后用光滑的塑料布绑扎闭合环即可。

（二）树干打针注射输液技术

1.适用范围

此法只适用于树势相对较强的古树名木，尤其适于阔叶树木蛀干害虫的防治。

树干打针注射输液技术是在古树名木树干钻孔注药，使全树体都具有农药的有效成分，不论害虫在什么部位进食，都会中毒死亡。此法操作简便，省工、省药、不污染空气，不伤害天敌，防治效果好。可防治难以除治的天牛、木蠹蛾、吉丁虫等蛀干害虫和蚜虫、介壳虫、螨类等刺吸式口器害虫、各种食叶害虫及树毛毡病、煤污病等病害。对于一些高大树木喷洒药液相对困难，也可采用打孔注药法进行毒杀，对叶甲类、卷叶象类、叶蜂类、木虱类、蚜虫类及螨类等害虫，可用吡虫啉、噻虫啉、啶虫脒及苯丁·哒螨灵等药剂进行防治。

图5-5　注射药液技术

注药以4月至9月施药效果最佳。树木落叶至萌动前的休眠期不能用药。4月开始，当发现树干表面有虫孔时，直接用注射器向虫孔注药或者挂吊袋（瓶）输液。如防治天牛、吉丁虫，当发现虫孔中有新鲜锯屑出现，说明虫孔内有蛀干

图5-6　树干输液技术

害虫存在，可用树虫康或蛀虫清5～10倍液，按每厘米胸径1～1.5ml药液的用量进行注射（图5-5），或者稀释50倍液进行输液（图5-6），输液后用泡沫胶封闭，以免药液挥发，防效可达98%以上。防治其他类病虫害农药应选用内吸性较强且对树木生长无影响的药剂。如40%氧化乐果乳油等。因不同害虫、树种，具体选择适宜的农药。

2.注药方法

用直径0.5cm木工钻或充电电钻，钻头不可过粗。在距地面15～50cm的树干上，呈45度角向下斜钻8～10cm深的注药孔，深度以达髓心为止。在树干四周呈螺旋上升钻孔，大树可钻3～5个孔。将孔中的锯末掏净注入药液。注药完毕后，孔口要用蜡、湿泥或胶布封闭，注药孔数月后即可愈合。

3.注药量

应根据古树名木胸径大小及其他具体情况综合确定。严格按照说明书科

学计算使用量。根据气温的变化确定注药的稀释浓度。气温不高时，可注射稀释1～2倍的药液，高温时要将原药液稀释3～6倍后注入，以免在高温下药液浓度过高而产生药害。

（三）根部埋药技术

古树名木保护过程中最难以防治的就是各种蛀干害虫，采用常规的磷化铝药片熏蒸耗时费力，且毒害作用很大。根部埋药技术操作简单，在古树名木根部土层挖坑、打孔，施入内吸性较强颗粒剂（有机磷类、氨基甲酸酯类、有机氮类以及烟碱类等），根部吸收后输送到地上部分的干、枝、叶中，害虫取食后中毒死亡，此法可防治蚧壳虫、蚜虫、蛀干害虫等。这种方法不受温度、降水、树高等因素的影响，且药效持久。如杀虫双（有机氮类杀虫剂），药效可达3个月，1年只需埋施两次药剂即可。

使用方法：使用国光绿杀或土杀清100倍液，在距树0.5～1.5m的外围开环状沟，或开挖2～4个0.5m坑穴，直接浇灌药液，然后封土，即可防治各类害虫，药效可持续两个月左右。通过根系吸收作用，药液很快随树体传送组织输送到树体各部，除蛀干害虫外，上述方法还适用于侵害古树名木的蚜虫、蚧壳虫、螨类、瘿蚊及锈壁虱等食叶、潜叶、吸汁害虫的防治。

春夏两次施药可结合施肥同时进行。如与复合肥或尿素一起使用，可使得国光绿杀或土杀清的药效更高、更快，治虫补肥一举两得。

绿色威雷是一种触破式微胶囊水剂，能在害虫踩触时立即破裂，释放出的原药黏附于害虫足部并进入其体内，从而达到杀死害虫的目的。将古树名木周边的土壤进行深翻，将绿色威雷均匀撒入土壤，防治成虫。

（四）灯光诱杀技术

利用昆虫具有趋光性的特点，在其附近设置黑光灯进行诱杀，根据数量测报虫情。

（五）伤口涂药法

伤流是由于修剪、病变、害虫咬噬、溃烂、自然灾害等多种原因，造成树体输导组织产生伤口，而且不能愈合，使得树液从伤口流出的现象。

治疗古树名木伤流的方法如同治疗人体的组织、器官的溃烂，主要步骤就是清理伤口、消毒、施药、包扎。首先使用消过毒的刮刀将伤流伤口清理得干干净净，不留下任何溃烂组织，然后用75%的酒精、医用碘酒或1%~3%的高锰酸钾液消毒，治疗伤流的药品可以选用硫黄粉，最后用配制的陶土密封（图5-7）。

图5-7　伤口涂药防治伤流

（六）树干涂白法

秋季立冬前对古树名木涂白，对防止天牛、吉丁虫等蛀干害虫在树干上产卵有

图5-8　树干涂白作业

一定的效果，可预防腐烂病和溃疡病，还可预防日灼（图5-8），延迟芽的萌动期，避免枝芽早春萌发受冻害。所以，在古树名木日常养护管理过程中，树干涂白是一项重要的工作，应引起古树名木管理单位的高度重视。

树干涂白剂常用的配方是：水10份，生石灰3份，石硫合剂原液0.5份，食盐0.5份，油脂（动植物油均可）少许配制而成。涂白高度自地径以上1~1.5m处为宜。

（七）树干疗伤法

因冷冻、日灼、撞击、大风、雷击等原因造成古树名木树干枝条受伤，伤口往往成为病虫的侵入口。对伤口及时治疗，促进伤口愈合，尽快地恢复树势，是防止病虫侵入的有效方法。

1.去除枯死干枝

对已经枯死的树枝，要从伤折处附近锯平或剪除。对于轻伤枝、发生抽条的枝干，在死活界限分明处切除，切口要光滑并涂保护剂或涂蜡，以利伤口愈合。

2.刮除腐烂树皮

用锋利刀片彻底刮净病部树皮，涂刷75%的酒精、医用碘酒或1%～3%的高锰酸钾液消毒，然后涂抹石蜡、愈伤膏或保护剂等，促进伤口愈合（图5-9）。

图5-9　高锰酸钾处理伤口

3.处理伤口

处理伤口的药品有许多种，简单的有愈伤膏、医用凡士林、石蜡等，另外使用桐油、生皮宝、高锰酸钾等（图5-9）也是不错的选择。

被大风吹裂或折伤的主要枝干，为保持优美的树形，可把裂伤较轻的半劈裂枝干伤口消毒处理（药品不可使用石蜡、桐油，这些药品可能阻碍伤口快速愈合）。后将枝条吊起或支起。用绑带捆紧，使伤口紧密结合，愈合复原后便可解绑（根据经验，愈合时间可能长达数月或半年）。

在日常的养护管理中，将常规的喷粉、喷液、灯光或性诱剂诱杀等方法与以上介绍的几种方法相结合，可显著提高病虫害的防治效果。

图5-10　药棉花

图5-11　药棉花防治蛀干害虫

（八）药棉花注孔法

针对油松、侧柏古树名木普遍发生蛀干害虫的实际，有针对性地采取综合方法防治可以取得良好的效果（图5-10，图5-11）。首先用50%杀螟松乳油、40%氧化乐果等有机磷农药40倍液或2.5%溴氰菊酯乳油400倍液注射虫孔，再用上述药液沾棉球添堵虫孔，此法对于已经进入木质部的蛀干害虫有一定的效果。

第六篇　古树名木复壮

一、复壮前诊断

古树名木复壮主要技术就是采取措施改善其生长环境，补充古树名木营养，提高古树名木生长势。古树名木复壮技术含量非常高，其中最关键、最难的是古树名木衰弱主要原因分析及诊断，其次才是古树名木复壮技术的选择及施工。

古树名木衰弱原因诊断是复壮工作中一项最为复杂、困难的工作，这需要常年的工作经验和知识积累。古树名木自身个体内部影响因素，古树名木与气候环境、立地条件、周围动植物、人为活动等多种联系密切相关，形成错综复杂的关系网。引起古树名木衰弱的原因有许多种，例如：土壤理化性质变化、病虫害、外界有害物质或人为伤害、植物生理变化、气候异常、原生环境突变等。面对纷繁复杂的大量信息，排除次要原因，科学诊断找到主要原因，针对主要原因对症下药才能有效提高古树名木生长势，达到复壮的目的。

如何科学判断引发古树名木衰弱的主要原因，运用分析排除诊断法可以较为准确地确定古树衰弱的主要原因。古树名木的各种联系因素要一个一个进行抽丝剥茧般地科学客观判断，将多种可能性逐一分析排除，最终确定问题的主要方面与次要方面，这种分析方法是探究古树名木衰弱原因的主要诊断方法。

科学判断引发古树名木衰弱的主要原因，运用初诊断和深度诊断相结合的综合诊断法，可以较为准确地确定古树衰弱的主要原因。深度诊断中前十一个方法为中医诊断方式，第十二个方法为西医化验诊断方式。

（一）初诊断

古树名木生长衰弱，会在树体内发生一系列生理变化，产生大量信息，外部会出现一些异常表现。如果我们对古树名木生理不了解，对其外部异样表现不敏感，往往会忽视古树名木这些重要信息，一旦产生严重问题后才急于补救，就已经错过了最佳救治时间，古树名木复壮效果会大打折扣。

初诊断如同中医一样，主要诊断方法是"望""闻""问""切"四法。

"望"就是观察古树名木的外部形态和周围环境，首先要观察古树名木外部形态和长势状况，如叶色、叶片数量及大小，树冠状态，枝条顶梢，树皮，芽及根颈部是否被填埋等，其次观察是否存在病虫害、伤流、破损等情况，再次观察古树名木周围环境，明确古树名木与周围建筑、植物、动物之间是否为共生、竞争、伤害关系。

"闻"就是嗅气味，是否有腐烂的异味，这可能是干茎或根部腐烂的征兆。

"问"是要向管理工作人员或周围居民询问古树名木以往的状况，近期内是否发生过突然变化，古树名木生长势开始恶化的时间起点等情况。动态查询即询问管理工作人员近期古树名木养护管理的工作情况，开始出现问题的症状，是否有其他突发事件等事宜，管理工作人员会对问题一一答复，古树名木诊断者能从回答的问题中初步了解到真实情况，为进一步正确诊断找到突破方向。

"切"就是用手或使用工具接触主干，判断树体中空情况。用手去触摸树体主干，能感觉出古树名木主干的生长状态。用手触摸感觉主干的温度，如果是死亡部分，手感温度是高的，反之，活的主干温度则是低的。用小木槌敲击主干，听声音可初步判断树皮内是否有空洞。声音浑厚深沉，没有树洞；声音清亮，有树洞。

逐一分析判断众多的信息，排除那些次要或者不可能的因素，可以初步判断出最有可能的引发古树名木衰老的原因。

（二）深度诊断

1.自然环境改变判断法

自然环境包含气候环境（干旱、水涝、气候异常、光照、空气污染等）和土壤环境两个方面。古树名木诊断者主要判断古树名木原生地的自然生态系统是否遭到破坏。

（1）气候环境变化。影响古树名木正常生长发育的气候往往是指突然爆发的极端气候灾害，例如春季寒流、夏季的强对流天气、长时间的干旱及水涝、暴风雪等灾害天气。光照影响也成为古树名木生长势下降的诱发原因，影响光照的有两个方面：一方面是古树名木周边大树遮光效应，古树名木周围种植有高大，遮阴覆盖面积大，能与古树名木发生竞争关系的树木，例如泡桐、柳树、桑树等速生性树种；另一方面是高层建筑物，特别高层玻璃幕墙建筑，强烈的反射光严重影响古树名木正常生长发育。

（2）土壤环境变化。土壤是否板结（人踩车压，过多使用化肥等造成的土壤密实，使得古树名木呼吸生根困难），通气性是否良好。

古树名木树冠投影范围内有不透气硬质铺装、深厚水泥路面或含垫层沥青道路、管线铺设等的阻碍。

土壤酸碱度突然急剧变化、土壤污染等原因，古树名木周边存在污染源，如垃圾、废水污液、粉尘、有害物质等。

2.树冠生长势判断法

古树名木生长势进行分级，是按照树木学方法及树木生长期的定义划分，主要就树冠、主干、茎叶好坏的程度来分级，划分为五级：正常株、轻衰弱株、重衰弱株，濒危株，枯死株。依据分级标准，确定古树衰弱生理的发展阶段，依据不同的发展阶段采取相应的措施。

古树生长势下降，趋向衰弱，主要表现在部分幼枝和较老枝枯萎、无叶或停发新叶、多数枝节间短，叶小、叶稀，叶色淡，树干伤流，部分树皮与木质部分离，出现树洞，并逐渐扩大，主干朽蚀严重，滋生有害生物，特别是蛀干害虫。

根据古树保护的经验和专家评定，古树树冠衰弱分3种类型：

（1）树冠中心衰弱型。（图6-1）此类型是古树名木常年离心生长造成的。

图6-1　中央衰弱型树冠

图6-2　外围衰弱型树冠

图6-3　整体衰弱型树冠

树冠垂直投影范围内的发育根和吸收根生长势明显下降，甚至停止生长。此外，以树干为圆心，以树干到树冠垂直投影直线距离的1/2处为半径画圆范围内，发育根和吸收根明显偏少。

主吸收根衰弱死亡时，树冠呈现出下部外围强，顶部中心弱的状况。

（2）树冠外围衰弱型。症状是树冠的垂直投影面积在一定范围内呈逐年缩小的趋势，树冠下部枝、外围枝逐步衰弱或枯死，树中心常萌发部分新枝，是古树名木由离心生长转为向心生长的典型症状（图6-2）。树冠垂直投影外的根系呈现萎缩状衰弱或死亡，树冠垂直投影内新的发育根和吸收根有所增加。

（3）树冠整体衰弱型（图6-3）。表现为树冠整体枝叶稀疏，年发枝量少而弱，是古树名木衰弱的最常见症状，根系表现为分散冗长，无明显发育吸收根群，土壤干旱瘠薄，板结，透气性差。

3.周围树木比较法

在古树名木附近找到生长势正常的同种类树木作同类比较。从树木的上部空间来分析判断，看树木的生长年龄、空间、环境、光照，枝的生长量，树梢的枯损情况，树叶的密度、形状、大小、颜色等，总体上是否有坏死、枯斑，萌芽期、落叶期、开花状况，有无病虫害等，从这些方面对树木的生长势做初步的判断，依次类推古树名木。

察看周围的指示植物，例如抗旱能力很强的丁香，若其生长正常，证明当地土壤水分属于正常范围；若其叶片萎蔫，证明土壤严重缺水。

4.主干分析判断法

主干饱满说明古树名木生长势良好。

主干中下部有新芽萌发，说明古树名木已经出现衰弱现象。

主干与以前相比凹陷增多，说明古树名木正在消耗树体的养分。

因害虫的侵入造成树木树皮木质部和韧皮部严重受损，可能会导致古树名木死亡。

主干有一圈突出部位，很可能是以前未拆除的铁丝或异物等造成的。

主干与分枝交叉处下部存在褶皱，主要是分枝过重或受到外力重压造成的。

主干某一部位有突起（图6-4），形似瘤状物，主要是内部有异物（如残留的虫巢、病菌的侵入等），突起部位成纺锤形说明其内部存在腐烂空洞的可能性比较大。

主干部树皮的损伤会造成腐烂，直至产生空洞，主干的空洞主要是有病菌造成的。（图6-5，图6-6）

主干的弯曲一般是两种可能性造成的，一是受到了外力的作用，另一个

图6-4　树干瘤　　　　　　图6-5　腐烂空洞　　　　　图6-6　树干腐烂

就是树木顶端受损，侧枝生长代替了主干；主干在接近地面部位的根部有皱叠，产生的原因是树木过重或者强风压力造成的。

正常树木在入土的部位都呈八字形入土，如果是直筒状入土则说明古树名木根颈部覆土过厚。

古树名木树体是否有侵害性植物（山荞麦、紫藤、爬山虎等攀缘植物、槲寄生等寄生性植物）。

主干树皮整体颜色正常，说明古树名木生长势良好，否则生长势衰弱。

树皮是否翘起，翘起则说明该处主干发生异常。

5.分枝分析判断法

看分枝总体上是否均匀平衡生长。

古树名木周边生长环境、光照的变化会改变树枝的生长方向，同时也会改变古树名木的整体树形。

分枝与分枝之间的主干的高度随树木的生长基本不变。

分枝分叉上侧位置每年向上不断增厚，此部位是树木生命力最强的部位。

分枝的不断生长，内部的分枝条会不断枯死掉落。

一般分枝的切断面腐烂发展方向沿主干向下逐渐扩大。

分枝某一断面多次修剪将会形成明显的突起。

6.叶片分析判断法

叶的总量与正常树木进行比较，看古树名木的顶部、中部、下部叶片生长密度和状况。一般来说，生长良好的古树名木顶部叶片多，中部叶片是外围量多于内部量，下部叶量相较来说比较少。其中顶端叶的饱满度对古树名木的生长状况来说是关键，如果顶端枝叶的饱满度高，则古树名木的生长势良好，否则是衰弱症状。

看叶片厚薄、叶片的大小、叶片的表面颜色深浅、叶片的边缘和内部是否有不正常的斑点、叶片的正反面是否存在病虫害等，以此来判断古树名木叶片的生长状况。

从叶片的饱满度作比较，清晨时看叶面的坚挺度比较准确。

如果某一分枝上树叶比较小，可能是此部分的分枝受到病虫害的侵害、树干有空洞或树皮受损。

古树树叶发黄，而造成叶片发黄有多种原因，如：缺水、病害、缺镁、缺锌、缺铁、红蜘蛛虫害等，上述原因都会造成叶片发黄。仔细分辨叶片黄的部位、状态，认真判断就可以得出正确结论。

7.芽分析判断法

观察芽饱满度是否正常。

新叶生长是否旺盛。

发芽期是否正常。

在落叶季节观察落叶树种芽的大小。

注意芽是否有病虫害，因为芽极易发生虫害。

8.果实分析判断法

看果实的大小是否正常。

果实内部是否饱满。

果实是否存在畸形生长等。

9.根部分析判断法

（1）观测根的颜色、根的饱满度，看根是否腐烂。

根原有的颜色比较鲜艳，说明古树名木根的生长状况比较良好，如根的原有颜色向深色发展说明根存在一定问题。

根的断面新鲜无黑点说明根的生长良好。

根的皮下部水分充足，无黑色斑点说明根的生长状况良好。

（2）从古树名木的根部生长空间来进行分析判断。

总体的地形是否有利于树木的排水。

根系的生长是否受到障碍物的阻碍、是否受到损伤。

古树名木保护范围内的地被植物的种类。

古树名木保护范围内增加违章设施占地，杂物堆积。

古树名木根系周围土壤水土流失严重。

根的分布广，数量多，总体分布均匀说明古树名木长势良好。

看上层根、中层根、下层根的分布状况是否均匀，一般上层根密度大于下层根。

古树名木根系的上部存在铺装面，根系一般会分布在铺装面与表土的中间，这样会造成古树根系受损，透气性不良，使树木生长势衰弱。

古树名木树冠投影面下铺设市政管道或大面积大深度挖掘土壤，将会造成树木根系的断裂，严重会造成古树名木衰弱死亡。

古树名木土壤表层看得见的粗大根是树木主根延伸方向，如果在主干不远处有障碍物，主根部生长受阻，主根延伸的方向会发生改变，有时古树主干也将会向反方向稍微倾斜。

10.各要素间关联判断法

古树名木树冠总体上生长不良，但主干部仍有少量新芽、新枝生长，可能是根系已受到人为破坏或根系生长衰弱，造成水分、养分已不能满足古树名木树冠总体的需要。

古树名木树冠上部枝叶枯萎，原因可能是主根或深根受损。

古树名木树冠中部枯萎，可能是表土下50cm内的根系受到损伤造成的。

古树名木树冠下端和内部枝叶生长势不佳，此部位缺少光合作用所造成的，属正常现象。

主干某一部分的树皮受到损伤后，一定会影响此部分上方和相反方向的枝叶生长。

树干根颈部直筒状入土，说明古树名木盖土过厚，会造成整个根系的衰弱。

树枝顶端叶片枯萎，说明古树名木可能缺水，或者上部主干输导组织被堵塞。

树枝中下段叶片枯萎，而顶端枝叶正常，说明根部发生水涝。

某一枝条和叶片枯损，一般是其垂直向下或反方向的根系受损，还有可能该分枝有病虫害。

叶子的表面不平整、背躬，可能是土壤板结，根部缺氧，通气不良造成的。

叶片内卷下垂，古树名木部分根系可能已被切断，造成古树名木供水不足。

叶片白天柔软、夜间坚挺，可能是古树名木根部范围内的土壤水分过多，水分运输不通畅。

古树名木根基部萌生有丛生枝，说明古树名木的远端、中端的根系已经衰亡。

古树名木有须根垂直向上生长，说明土壤容重过大，通气性不良。

11.病虫害调查判断法

人为伤害、自然灾害或自身衰老等原因造成古树名木生长势衰弱，而古树名木越衰弱，病虫害越严重，成为一种恶性循环。分析造成这种现象的原因，研究表明：衰弱的古树名木会释放出某种特殊的化学物质，而这些化学物质会吸引害虫，虫害也会相应加重，危害的程度和频度比过去也都增加了，就造成了很大的危害。

要诊治古树名木病虫害，首先应明确掌握典型虫害病害的典型症状，然后对症用药，方能取得良好的诊治效果。如果不及时采取措施防治或者防治措施失当，就会造成严重、不可逆的损失。

12.技术化验法

技术化验是古树名木保护最为重要的诊断技术。技术化验法主要包括植物营养化验和土壤化验。植物营养化验不仅要化验植物体内营养元素的含量，而且需测定SOD、POD、CAT等多种酶活性、含水量、脯氨酸含量、叶绿素含量及根系活力。古树名木植物营养化验的取样非常关键，要根据树体实际情况而定，叶样为顶梢生长成熟的叶片。土样要在古树名木吸收根附近取样，采集深度在20~40cm，40~60cm，60~80cm，土样采取点要均匀分布在古树名木四周，土样数量为8~10个即可。土壤化验主要测定容重、pH值、碱解氮、速效磷、速效钾、有机质含量、含水量7个指标。

— 延伸阅读 —

古树名木生长衰弱后才复壮吗?

我们总是有一种简单的经验感觉，认为古树名木生长势衰弱之后才可以进行复壮。这种想法正确吗？古树几百年甚至上千年生长在一个地方，土壤里肥分有限，常呈现缺肥症状，再加上人为踩实，通气不良，透水能力下降，古树名木根系生长环境越来越恶化，因此造成古树名木地上部分出现日益萎缩的状态。即使是生长强健的古树名木，也不能忽视其生理机能衰弱或生存环境改变对其影响。所以，对古树名木应当有步骤地、定期的复壮，切勿古树已经长势衰弱才补救。古树名木保护要未雨绸缪，防微杜渐，采取小范围局部换土、施肥、松土、补充营养物质等措施。

二、复壮方法

（一）复壮基质

1.腐叶土

腐叶土又称腐殖土，是阔叶树的枝叶在土壤中逐渐腐烂，经过微生物分解，发酵后形成的富含有机质营养土。在多种微生物交替活动使植物枝叶腐解的过程中，形成了很多不同于自然土壤的优点：①腐叶土质量轻，疏松，透水通气性能好，且保水保肥能力强。②腐叶土多孔隙，长期使用土壤不板结，易被植物吸收，与其他土壤混用，能改良土壤，提高土壤肥力。③腐叶土富含有机质、腐殖酸和少量维生素、生长素、微量元素等，能促进植物的生长发育。④腐殖土在分解发酵制作过程中的高温能杀死其中的病菌、虫卵和杂草种子等，减少病虫、杂草危害。⑤经腐熟还可以产生胡敏酸，胡敏酸具有促进根系生长发育的作用，能够促进益生菌形成。

使用方法：根据不同种类古树名木的需肥量、根系生长的需求合理使用腐叶土，按一定比例加入园土、沙土等其他种类土壤和适量的化学肥料，混匀后配制成营养土再使用。

2.腐熟农家肥

农家肥的种类繁多且来源广、数量大，便于就地取材，就地使用，成本也比较低。人或牧畜的粪尿、厨余垃圾（剩菜剩饭）、厩肥、绿肥、堆肥和沤肥等都是农家肥的来源，农家肥大多是有机肥。有机肥料的特点是所含营养物质比较全面，它不仅含有氮、磷、钾，而且还含有钙、镁、硫、铁以及一些微量元素。这些营养元素多呈有机物状态，但是难以被植物直接吸收利用，必须经过土壤中的化学物理作用和微生物的发酵分解，使养分逐渐释放并被吸收，因而肥效长而稳定。另外，施用有机肥料有利于促进土壤团粒结构的形成，使土壤中空气和水的比值协调，使土壤疏松，增加保水、保温、透气、保肥的能力。

使用方法：农家肥丰富多样，肥效良久，使用效果良好，但是农家肥用于古树名木保护需与化肥配合使用，效果更好。

将化肥与农家肥混合在一起使用，能起到良好的使用效果。这是因为：①可以全面供应古树名木生长所需的养分。化肥特点是养分含量高，肥效快而持续时间短，养分较单一；农家肥大多是完全肥料，但养分含量低，肥效慢而持续时间长。因此，将化肥与农用有机肥混合施用可取长补短。②可以减少养分固定，提高肥效。化肥施入土壤后，有些养分会被土壤吸收或固定，从而降低了养分的有效性。若与农家肥混合后，就可以减少化肥与土壤的接触面，从而减少被土壤固定的机会。③可以保蓄肥分，减少流失，改善古树名木对养分的吸收条件。化肥溶解度大，施用后对土壤造成较高的渗透压，影响古树名木对养分和水分的吸收，增加了养分流失的可能。如与农家肥混施，则可以避免这一弊病。④可以调节土壤酸碱性，改良土壤结构。农家肥是微生物生活的原料，化肥供给微生物生长发育的无机营养，两者混用也能促进微生物的活性，进而促进有机肥的分解。

3. 草炭土

草炭土即泥炭，是沼泽发育过程中的产物，草炭土由沼泽植物的残体，在多水的条件下，不能完全分解堆积而成。草炭土含有大量水分和未被彻底分解的植物残体、腐殖质以及一部分矿物质。草炭土有机质含量一般都在30%以上，质地松软易于散碎，比重0.7～1.05，多呈棕色或黑色，具有可燃性和吸水性，草炭土呈酸性，pH值一般为5.5～6.5。

使用方法：草炭土不仅具有保水性，而且能够改良土壤理化性质，促进根系呼吸，使用效果良好。草炭土搭配蛭石、炉渣，更能增加土壤孔隙度。

4. 松针土

松针土指松针腐熟后与土壤混合的产物。松针土质地较轻，覆盖地面具有很好的保墒作用，松针腐烂后能为古树名木提供更多的营养物质，此外，松针土还具有良好的防虫作用（比如蚂蚁），且能有效防止土壤被侵蚀。

使用方法：覆盖古树名木地面。

5.尿素

又称碳酰胺，白色晶体，由碳、氮、氧、氢组成的有机化合物，是含氮量最高的氮肥。尿素易溶于水，作为一种中性肥料，尿素适用范围广，易被植物吸收，易保存，使用方便，对土壤的破坏作用小，是目前使用量较大的一种化学氮肥。尿素是有机态氮肥，含有大量的N离子，经过土壤中的脲酶作用，水解成碳酸铵或碳酸氢铵后，才能被作物吸收利用。大量的N离子能够促进土壤中养分分解和益生菌的大量繁殖，能够有效改良土壤理化性质。

使用方法：尿素应结合有机肥混合使用。根据古树名木的生长势及土壤养分情况科学合理施用，依据实际情况确定施用量。将尿素、有机肥均匀地撒在古树名木土壤表面，然后松土拌肥即可。尿素施用完成后，应及时浇水，促进尿素溶解并被古树名木吸收。

尿素易溶于水，尿素液体肥施用量根据实际情况配制，但切不可浓度过大，可用于喷施叶面背面或灌根。

6.磷肥

磷肥种类较多，如过磷酸钙、重过磷酸钙、磷酸铵、钙镁磷肥、磷矿粉、磷酸二氢钾等。

使用方法：根据古树名木的类型和缺肥症状，计算古树名木的需肥量，将磷肥与土壤均匀搅拌穴施或沟施在古树名木根系周围即可。

7.钾肥

钾肥种类较多，主要有氯化钾、硫酸钾、草木灰、钾泻盐、磷酸钾、磷酸二氢钾、钾石盐、钾镁盐、光卤石、硝酸钾、窑灰钾肥等。钾肥大都能溶于水，肥效较快，易被植物吸收，性质稳定，土壤中不易流失。钾肥能促进植物开花结果，增强古树名木抗旱、抗寒、抗病虫害能力。钾肥对酶的活化作用是钾在植物生长过程中最重要的功能之一，现已发现钾元素是60多种酶的活化剂。钾元素与植物体的许多生理代谢过程密切相关，如：光合作用、呼吸作用和碳水化合物、脂肪、蛋白质等物质合成等。

使用方法：根据古树名木的种类和缺肥症状，计算古树名木的需肥量，将钾肥与土壤均匀搅拌穴施或沟施在古树名木根系周围即可。

8.多效复合肥

多效复合肥至少含有一种以上无机盐组分，由尿素、重磷、氯化钾、硫酸亚铁、硫酸铜、硫酸锰、硫酸镁、硫黄、硼砂、贝壳粉等经搅拌均匀而成，含有多种大量元素，能够快速被古树名木吸收。

使用方法：目前市场上多效复合肥种类繁多，所含成分及比例均不同，使用前一定仔细查看说明书。使用多效复合肥一定要配合使用有机质肥料。如果在土壤严重缺乏有机质的条件下大量使用，反而会使得土壤板结，不利于古树名木呼吸。

9.微量元素肥料

微量元素肥料，它在植物体内含量很少，少到只有植物干重的百万分之几，可是它的作用不可低估。古树名木体内也含有微量元素成分。如果古树名木缺少某种微量元素就会出现相应的典型病症，只有补充这种微量元素才能消除这种病症。微量元素肥料易被古树名木吸收。

（1）硼肥。硼能促进植物体内碳水化合物的运转，植物缺硼会引起花而不实。

（2）钼肥。钼在植物体内的生理功能主要表现在氮素代谢，它是硝酸还原酶的组成成分。缺钼会导致植株枝条、叶片、花、果实和种子发育不良。

（3）锌肥。锌是多种酶的组成成分，它可以加速二氧化碳的水化反应。缺锌可使古树老叶失绿，叶片薄而小，导致古树名木小叶病发生。

（4）铜肥。铜在作物体内是多种酶的组成成分，有利于叶绿素的形成和促进光合作用。缺铜主要表现为古树名木嫩叶失绿。

（5）锰肥。锰是多种酶的活化剂，锰能催化氧化还原反应，提高叶绿素的含量，促进碳水化合物的运转。缺锰主要表现为古树名木叶片失绿变淡。

使用方法：微量元素肥料只是针对古树名木微量元素缺乏出现典型症状时适用。古树名木使用微量元素肥料应坚持少量多次的使用原则，切忌过量使用。根据古树名木的种类和缺肥症状，计算古树名木的最多需肥量，实际使用量要减少。将微量元素肥料与土壤均匀搅拌穴施或沟施在古树名木根系周围即可。

10.水溶性肥料

水溶性肥料是一种可以完全溶于水的多元复合肥料，它能迅速地溶解于水中，更容易被古树名木吸收，吸收利用率相对较高。水溶性肥料种类主要分为大量元素水溶肥料、中量元素水溶肥料、含氨基酸水溶肥料、微量元素水溶肥料、含腐殖酸水溶肥料、有机水溶肥料等类型。

使用方法：

（1）灌根。水溶性肥料的施用方法是随水灌溉，施肥效果均匀，这也为提高古树名木营养吸收奠定了坚实的基础。少量多次施用是水溶肥料最重要的施肥原则，符合古树名木根系不间断吸收养分的特点，减少一次性大量施肥造成的淋溶损失。

（2）叶面喷施。易被吸收，效果显著是古树名木水溶肥料利用率高的最重要原因。对于一些长势衰弱或者根系吸收功能不太好的古树出现缺素症状时，施用水溶性肥料是一个最佳改善缺素症的选择，能够极大地提高肥料吸收利用效率，植物营养元素在植物内部的运输路径大大缩短。把水溶性肥料稀释溶解于水中或者与非碱性农药（常用大部分农药都是非碱性的）一起溶于水中，混合均匀后喷施叶片背部，通过叶面气孔进入古树名木内部。

11.绿矾

绿矾，亦称铁肥、黑矾。绿矾呈酸性，为土壤酸碱度改良药品，可降低土壤碱性；绿矾也可用作肥料，而且能够杀菌，绿矾能促进植物叶片叶绿素合成，提高光合作用效率；绿矾还可防治植物因缺铁而引起的黄化病。铁是树木不可缺少的元素，能防治古树名木的腐烂病。

使用方法：根据树木种类和症状表现，计算古树需要绿矾的数量，直接与土壤均匀搅拌使用即可。

12.树木枝条

树木枝条埋入土壤中可增加古树名木根系的透气性，对防止土壤板结有良好效果。古树名木复壮过程中会大量使用树木的枝条。树木枝条应选取没有病虫害的枝条，修剪呈段，按一定顺序依次放入复壮沟中。

国槐枝条：硬度很高，气干密度为 $0.6\sim0.78g/cm^3$，木质纤维不易腐烂，埋入土中增加土壤透气性。

杨树枝条：木材细软，易变形，木质纤维易腐烂，埋入土中增加土壤透气性。

核桃枝条：核桃枝条埋入土中分解会产生少量核桃醌，抑制古树名木根系呼吸，对古树名木生长产生不利。

海棠枝条：据有关报道，海棠及蔷薇科树木常含有单宁酸、花色素苷、鞣花酸、没食子酸、三萜皂角苷、山梨醇、生氰酸、苯丙氨酸，偶有生物碱，海棠及蔷薇科树木的薄壁组织细胞中常有单生或簇生草酸钙结晶体，其枝条分解后可以产生有益于古树名木生长的胡敏酸。

槲树枝条：木质坚硬，不易分解。槲树的枝条叶片分解后可以产生有益于古树名木生长的有益物质，研究表明：槲树含有丰富的类黄酮、绿原酸、鞣质等多酚类生理活性物质，具有独特的防腐和保健功能。

13.黄腐酸

黄腐酸能够促进土壤中不易分解的养分形成黄腐酸螯合物，极大地促进土壤理化性质的改变，能够有效提高养分的吸收利用率，提高古树的抗逆性。黄腐酸可用做植物生长调节剂。黄腐酸还可以提高古树名木根系活力，防止衰老，提高各种酶活性，增加叶绿素含量。

使用方法：黄腐酸易溶于水，按照说明书确定使用量，在古树名木根系分布范围内灌输即可。

14.禾本科杂草

禾本科杂草易腐烂，但是禾本科杂草在腐烂过程中会产生大量的钾离子，可能会影响古树名木对铁离子的吸收，影响植物叶绿素生成，可能造成叶色变黄。古树名木复壮基质中不能使用禾本科杂草作为有机质材料。

15.石膏粉

石膏粉呈现酸性，能够改良碱性土壤。目前没有发现在古树名木复壮施工中使用报道。

16.缓释肥料

通过物理、化学方法使肥料中的养分缓慢释放，延长肥效的肥料称为缓释肥。缓释肥料通过各种调控机制，使其养分按设定的释放规律有序释放。

近几年，缓释肥料不断升级，研发出控释肥。控释肥通常以颗粒肥料为核心，通过聚合物包膜，使肥料中养分的释放数量和释放期得到定量控制的肥料，它的养分释放规律与树木吸收养分的规律基本同步。从某种意义上来说控释肥料是缓释肥料的高级形式。

传统的古树施肥技术一般是施用复合肥，在短时间内起到提高土壤肥力的作用，但肥效时间较短，且无法改变土壤的其他理化性质。研究表明缓释肥料是一次性施肥技术的重要载体，"营养棒"缓释肥料的养分能够根据作物吸收养分的规律有序供应，在节约资源、提高肥料利用率、降低环境污染、实现绿色可持续发展等方面均具有重要意义。

使用方法：缓释肥料及控释肥料肥分释放速率、释放方式和持续时间均受到施肥方式和环境条件的影响。按照说明书确定使用量及使用方法。在古树名木根系分布范围打孔，深度为40~100cm，孔洞直径略大于缓释肥，将缓释肥埋入，覆土即可。

17.微生物肥料

微生物肥料是以微生物的生命活动为基础，使古树名木获得特定肥料效应的一种制品。微生物肥料是古树保护复壮中经常使用一种的肥料。此外，微生物（病毒、细菌、真菌等）还具有杀虫、杀菌、除草及植物生物调节活性的功能。

微生物肥料是活体肥料，它的作用主要靠它含有的大量有益微生物的生命活动来完成。只有当这些有益微生物处于旺盛的繁殖和新陈代谢的情况下，物质转化和有益代谢产物才能不断形成。因此，微生物肥料中有益微生物的种类、生命活动是否旺盛是其有效性的基础，而不像其他肥料是以氮、磷、钾等主要元素的形式和多少为基础。微生物肥料中有益微生物能产生糖类物质，与植物黏液，矿物胚体和有机胶体结合在一起，可以改善土壤团粒结构，提高土壤的物理性能。在一定的条件下，微生物肥料还能参与腐殖质形成。所以施用微生物肥料能改善土壤物理性状，有利于提高土壤肥力。

化肥的弊端是其利用率不断降低，而且使得土壤板结，土壤环境变差，污染环境等。如何提高化肥利用率达到平衡施肥、合理施肥以克服其弊端，微生物肥料在解决这方面问题上有独到的作用。采用微生物肥料与化肥配合施用，既能保证施肥效果，又减少了化肥使用量，降低成本，同时还能改善土壤环境，减少污染。

使用方法：因为微生物肥料是活制剂，所以其肥效与活菌数量、强度及周围环境条件密切相关，包括温度、水分、酸碱度、营养条件及原生活在土壤中微生物排斥作用等，因此在应用时要加以注意。

— 延伸阅读 —

古树名木生长衰弱后就猛补肥料?

一定要摒弃古树名木长势衰弱后就猛补水肥的错误做法。

古树名木衰弱的原因多种多样，例如：古树名木树体产生了严重的病虫害，根系长势衰微或遭到地下害虫的侵袭，外界环境（如土壤状况、地下水位急剧下降、灾难气候、人为破坏、化学物质侵染、物理条件改变等）发生了重大变化，古树名木的营养物质或水分匮乏，古树名木自身生理条件发生改变，古树名木生命周期即将结束等多种原因。盲目地见到古树名木长势衰弱后就猛补水肥，可能会起到南辕北辙的效果。

（二）古树名木的施肥方法

施肥是古树名木复壮的核心措施。目前施肥有根部施肥和根外施肥两种方法。

1.根部施肥

古树名木的施肥方式主要包括：拌土施肥、埋土施肥、灌溉施肥三种。

拌土施肥：也称土壤施肥，是古树名木人工施肥的最主要方式。根部施肥将有机肥、无机肥（化肥）、土壤混合拌匀，施入古树名木的立地土壤表层以下，这样利于根系的吸收，也可以减少肥料的损失。施肥选择的无机肥，缺多少补多少。现在使用较多的还有混合微生物肥（图6-7），微生物肥富含有益微生物，可以缓解

图6-7 微生物肥

图6-8 "营养棒"缓释肥

古树名木烂根问题，微生物肥还可以消毒，分解有害物质。此外应根据具体情况来决定是否使用微生物肥，地势低洼地区的古树名木只要解决积水问题，环境改善了，有益微生物会大量繁殖，促进古树生长势快速恢复。

埋土施肥：埋土施肥多采用"营养棒"缓释肥料（图6-8），在古树名木周围打孔，将"营养棒"缓释肥料埋入孔洞，覆土即可。"营养棒"缓释肥料能起到很好的土壤改良效果。

灌溉施肥：将肥料通过灌溉系统（喷灌、滴灌、漫灌等）对古树名木进行施肥的一种方法。灌溉施肥时肥料已呈溶解状态，也可以和腐殖酸水溶肥同时混合施用，能更快地被根系所吸收利用，提高了肥料利用率。

2. 根外施肥

在古树名木复壮过程中，有时会遇到根系发生病变、严重受损或者根系生长严重衰弱等情况，通过根部施肥难以达到复壮目的，这时候就需要使用根外施肥的方法。根外施肥主要包括喷施叶面肥、枝干涂抹或喷施营养物、枝干注射液体肥等多种方式。

根外施肥也能够达到补充古树名木养分，提高其生长势的目的。古树名木复壮的根外施肥以喷施叶面肥的方法最常用。枝干涂抹或喷施肥料，适于给树木补充铁、锌等微量元素，可与冬季树干涂白结合一起操作，方法是白灰浆中加入硫酸亚铁或硫酸锌，浓度可以比叶面喷施高些。树皮可以吸收营养元素，但效率不高。树干上的肥料逐渐向树皮内渗入一些，一部分经雨水冲淋进入土壤，再经根系吸收一些。枝干注射可用高压喷药机加上改装的注射器，先向树干上钻孔，由注射器再向树干强力注射。

（三）技术措施

古树名木复壮是久久为功，不是立竿见影，长期不懈的努力才能起到效果。古树名木复壮不是返老还童，而是延年益寿。

复壮技术是古树名木保护研究的最重要课题。古树名木复壮就是采取人工措施改善其生存环境，提高古树名木的生长势和抗逆性，达到减缓衰老，延长树龄的目标。根据根部施肥和根外施肥的方法，古树复壮借鉴了上述方法，有针对性地采取多种措施改善古树名木的营养环境，达到复壮的目的。

古树复壮主要包含地下部分复壮和地上部分复壮两种方式。

1.地下部分复壮

地下部分复壮分放射沟埋条复壮、环形沟埋条复壮、穴孔复壮、设置通气管、更换营养土、中草药灌根、渗水井、外源激素复壮、缓释肥复壮等多种类型。

（1）分析古树根系分布范围。古树名木复壮施工中要明确复壮沟的挖设位置，否则复壮沟就不能发挥引根和提供营养的作用。应根据古树名木的根系分布范围及位置来决定挖设复壮沟的位置，关键要找到吸收根的位置。如果地下环境均衡，古树名木的根系一般会均匀地向四周扩展生长，其主根与主枝延伸的方向基本一致；如果古树名木周围有深地基房屋、市政地下管道、巨石、河道等阻碍物，其主根就不会在那个方向生长；有时也可根据古树名木的活树皮的扭转延伸方向、地面突出的根部走向来判断其主根在地下的生长方向。大致判断了古树名木主根的生长方向，在其周围一般会有大量的侧根及吸收根，在这些地方挖设复壮沟填埋基质或营养土就能有效地供给古树名木生长需求。

（2）放射沟埋条复壮（参见示意图1）。该方法是以古树为圆心，在树冠垂直投影中间外侧开挖放射状沟，沟内填充营养基质，最后覆土踏平。

复壮沟施工位置在古树名木树冠垂直投影内侧，距离古树主干2~3m施工。复壮沟为5~6条（根据实际情况适当增减）（图6-9）。复壮沟深80~100cm，宽60~80cm，深宽长度和形状因根系、地形而定，做到不伤根。有时可以是直沟，

图6-9　放射状复壮沟

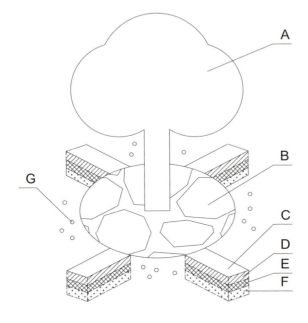

A:古树树冠
B:冠幅垂直投影面积
C:表面土层
D:复壮基质层
E:复壮基质层
F:复壮基质层
G:古树主根系

示意图1　复壮方法示意图

有时是半圆形均可。设置通气管,这样沟、管相连通形成一个能通气补水。充足养分的复壮沟,创造了适宜古树名木根系生长的优良地下环境。

复壮沟填充物一般有如下材料:复壮基质、树条、营养元素肥料、菌根剂、农家肥、营养土等。复壮沟填充物从地表往下纵向分层,一般分为六层。

图6-10　落叶复壮基质

表层为10~20cm素土,第二层为20cm的复壮基质,第三层为5~10cm厚度的树条,第四层为20cm的复壮基质,第五层为5~10cm厚度的树条,第六层为厚20cm营养土。

复壮基质采用松、栎、槲的自然落叶(图6-10),取60%腐熟加40%半腐熟的落叶混合,再加少量氮、磷、铁、锰等元素配制成。这种基质含有丰富的矿质元素,pH值在7.1~7.8以下。富含胡敏素、胡敏酸和黄腐酸,可以促进古树根系生长。同时有机物逐年分解与土壤颗粒胶合成团粒结构，从而改善了土壤的物理性状，促进微生物活动，将土壤中固定的多种元素（如Fe^{3+}、Fe^{2+}）逐年释放出来。施后3~5年内的土壤的有效孔隙度保持在12%~15%以上。

图6-11　树干枝条(杨树)

树条采用紫穗槐、苹果、杨树等树木枝条，选取直径2~3cm，截成长40cm的枝段（图6-11）。树条埋入沟内，树条与土壤形成大空隙。古树名木的根系在树条内可以轻松延伸生长。复壮沟内可加二层树枝，每层5~10cm。增施肥料、改善营养。以氮元素为主，施入少量铁、磷元素。铁元素多使用硫酸亚铁，使用剂量按长1m，宽0.8m复壮沟，施用0.1~0.2kg。为了提高肥效，也可以掺施少量的麻渣或厩肥而形成全肥，更好地满足古树名木的需求。

使用菌根剂：找到活的根系，营造根系生长通道，放置基质并接种菌根剂，增施微量元素锌、锰、铜，生物菌种自身会在适宜环境中繁殖，在根系周围生成益生菌落，促进古树名木根系活性。每个复壮基质层可施用菌根剂引导生根。为了促进多生根，菌根剂还可混配ABT生根粉。

恢复现场：复壮沟复壮完成后，应对现场恢复。古树名木的地表严禁使用草坪草覆盖。应对古树名木进行经常性松土，阔叶古树名木周围可适当种植豆科植物，如三叶草、霍州油菜、羽扇豆、赛靛花、白刺花、苜蓿、苦参、黄芪等；常绿古树名木周围可适当种植耐旱球根花卉如鸢尾、

图6-12　草坪砖透气铺装

射干、景天、酢浆草等，达到共生。古树名木根系范围以外可使用透气面包砖或草坪砖铺设地面（图6-12）。

施工工序：①确定复壮沟的位置和数量；②开挖放射状复壮沟；③设置通气管；④复壮沟填充复壮基质；⑤恢复地表，种植植物或铺设透气铺装。

— 延伸阅读 —

复壮古树名木挖复壮沟越远越好？

复壮沟挖设越远越好的做法不合适。有些古树名木保护单位一厢情愿地认为，复壮沟挖设的位置距离树干越远越好，这样可以扩大古树名木根系生长的范围，使其吸收更多的营养物质。其实这是错误的。古树名木由于生长年代久远，根系虽然无论范围、深度都已经很大，但是其吸收水肥的范围依然还只是其树冠范围内，如果复壮沟距离过远，那么树木根系吸收的水分、养分运输距离过远，蒸腾作用消耗的能量就会增加，长期作用对古树名木是不利的。

（3）环形沟埋条复壮。环形沟埋条复壮（图6-13）是以树体为圆心，挖设长圆弧状沟（可能对古树名木根系伤害较大，采用此法要谨慎）。具体方法与放射长沟埋条一致。

（4）穴孔复壮。在风景名胜区、居民区、道路环境中生存的古树名木，由于地理、空间、位置等多方面条件的限制，无法通过环状沟或者放射沟复壮，只能采取穴孔复壮的方法。

图6-13　环形复壮沟

图6-14　穴孔复壮

穴孔复壮（图6-14）是以古树名木树体为圆心，半径3～6m范围内挖设孔直径20cm，深度为1m的空穴若干，空穴内填充营养基质，从而改善了土壤的物理性状，促进微生物活动，将土壤中固定的多种元素逐年释放出来。

图6-15　通气孔

（5）设置通气管。设置通气管是古树复壮中常用技术手段（图6-15）。设置通气管不仅可以为古树名木根部提供充足的氧气，而且为后期养护管理过程中浇水和施肥提供便利，水、肥直达古树名木根部，吸收效果好。随着研究的发展深入，通气管功能进一步拓展，还可发挥引导根系生长、根系生长状况观察井等作用。

古树名木复壮施工中，古树名木根部有施工空间的可采取挖复壮沟，在树冠垂直投影范围内挖复壮沟，在沟中适当位置垂直安放透气管，每条复壮沟依据实际情况设置通气管数量，每株古树名木通常设置4～10根通气管，管径10～20cm，顶盖、管壁均有通气孔。管外捆绑树条，外填酱渣、腐叶土、微量元素和壤土的混合物，埋条促根。

对于古树根部没有施工空间的，可在树冠投影范围内挖设通气管孔穴通道，深度100cm，直径略大于通气管直径，直接填埋通气管即可。硬质铺装且不允许开挖复壮沟的特殊情况下，合理避开古树主根生长位置，按"梅花

图6-16　设置通气孔

图6-17　梅花形通气孔设置

状"造通气管（图6-16，图6-17）。通气管位置在距离古树主干2~3m以外，使用水钻开孔，孔径20cm，深度80～100cm，彻底打通地表硬质铺装垫层。设置通气管长度80～90cm，直径20cm，顶盖及侧壁打孔，直接填埋在复壮孔穴中。地表用直径10cm的开孔硬质铺装盖板覆盖，与地面平齐。

施工工序：①确定通气管的位置与数量女；②开沟，挖孔穴；③设置通气管；④恢复地表。

常见的三种通气管：①传统通气管（图6-18）：通气管为PVC管，长80~100cm、直径10~20cm，顶盖及管身打孔，调节土壤水气热交流，结合使用复壮药剂，诱导新根生长。②创新通气管（图6-19）：传统通气管通气效果并不理想。二氧化碳等气体质量较大，沉积在通气管下部，氧气质量较轻，上浮于通气管上部，且通道唯一，气体无法完成交流。目前，许多地方采用可导气的通气管，PVC大管内套两根PVC细管，两根细管长短不一致，细管外部空间填充草炭土等基质。这样的设置形成入风和出风两个通道，通气效果要好很多。③镂空型通气管：通气管的材料及形态均发生了变化，改为树脂多层镂空型（图6-20）。这种通气管埋入地下后，管内填充营养基质，定期增加水肥，可以逐渐引导古树名木根系生长方向。

（6）更换营养土。更换营养土即古树名木主根部位的土壤进行换土（图6-21）。挖土深0.5m（随时将暴露出来的根系用潮湿的草袋盖上）。去除原旧土，更换为沙土、腐叶土、粪肥、少量化肥等材料混合均匀后的营养土。生长在房屋附近的古树名木土壤多含有石灰、渣土，土质呈现严重碱性，应使用硫酸亚铁、黄腐酸等酸性物质进行土壤酸碱中和改良，土壤污染严重或建

图6-18 传统通气管

图6-19 新型通气管

图6-20 树脂镂空型通气管

筑渣土较多的地方应更换为适宜古树名木生长的配制营养土（图6-22）。

（7）中草药灌根复壮。利用中草药医药理论，采用生根性强的植物，例如甘草。熬制中草药液，添加适量有助生根的有机营养素和土壤微生物益生菌系，能显著促进古树生根，强健古树名木根系，改善根系周围土壤环境，达到复壮的目标（图6-23，图6-24）。

（8）渗水井。北方古树名木多不耐水涝，地下水位高、地势低洼易积水会造成古树名木生长势严重衰退，根据当地地下水类型、埋深、含水层性质，地下水流速度，利用层流渗流原理，建设渗水井（图6-25）。渗水井不仅利于地势低洼易积水的古树名木排水，而且还可以增加土壤透气性。渗水井管井直径50~80cm，井深100~200cm，砖墙不用水泥粘贴，砖叠放呈井形。渗水井一般多选用圆柱形状，上口小，底口大，也有挖方形的。渗水井的位置要求较为严格，一般设置在以古树名木树干为中心的树冠半幅以外，树冠垂直投影外缘2~3m距离以内的区域，合理避开古树名木的主根。

图6-21　换土

图6-22　更换营养土

图6-23　中草药灌根

图6-24　调制中草药液

图6-25 渗水井

太原市属于北方地区，每年的降水量在400~600mm之间，属于水资源严重匮乏城市。由于城市工农业生产的快速发展，地下水位过去长年不断下降。根据山西省水文水资源勘测局陈素霞的研究表明：1982年至2002年的21年期间，太原盆地的浅层地下水位平均累计下降7.60m，年平均下降0.36m。21世纪初以后，太原市严格管控工业地下水采取，太原市2020年第四季度浅层地下水超采区水位同比上升了3.17m，万柏林区的寀流村沉寂已久的老井内有清水从井口涌出，专家现场确定为自然出流的现象。此外，太原地区的晋祠、上兰村等地的浅层地下水都有明显的上升。笔者在晋源区区政府及小站村等地（当地原为晋祠水稻种植地）古树名木复壮过程中，下挖深度60cm已见地下水，土壤黏湿。在该地区的国槐、侧柏等喜干不喜湿的树种，根据所在地的具体情况，可采取渗水井降低土壤含水量，改善古树名木的生长环境。此外，生活在地势低洼易积水、附近有河道、池塘等地区的古树名木尤其注意地下水和土壤含水量状况。

（9）外源激素复壮。除了传统的复壮技术，王徐玫（2007年）首次研究了外源一氧化氮和精胺对银杏和雪松古树生长的影响。表明银杏、雪松、刺柏等树种古树经过一氧化氮和精胺处理后，随着药剂浓度增加，叶片叶绿素含量不断升高，有一定复壮效果。

（10）缓释肥复壮。缓释肥一次施用基本满足树木若干年的需求，可以减少化肥施用量和施肥次数，提高肥料利用率，减轻环境污染。同时，还能改善树木生长势，增强树木抗逆性。此外，缓释肥还能调节土壤养分，改善土壤理化性状。缓释肥已成为我国肥料发展的主导方向，它具有环境友好、养分高效、省时省工的突出优点。缓释肥在使用过程中也存在较多问题，例如，目前生产的缓释肥料技术有待提升，缓释肥料在控释机理、控释条件、释放周期和控释材料等方面还存在不少问题，缓释肥养分释放与相应树木的养分需求规律同步性不完善，施肥效果不理想。缓释肥中核心养分相对单一，文献报道中缓（控）释肥处于实验室研究阶段的相对较多，且多为以氮元素为核心的肥料，"专属"性缓（控）释肥的研究较少。不同树木的需肥特点不尽相同，并且其生长的土壤环境也会对缓释肥的效果产生重要影响。如缓释肥使用不当，往往影响缓释肥的效果。

当前古树名木复壮的研究过程中，"营养棒"缓释肥料的研究较少，适用于古树的缓释肥料配比研究处于初始阶段。因此，关于对古树名木所需的"营养棒"缓释肥料配比需要进一步深入研究，以期获得最适于其生长的肥料配比。

2.地上部分复壮

（1）叶面施肥复壮。叶面施肥采用0.5%的浓度磷酸二氢钾，在上午10点之前或下午5点之后晴天喷施叶片背面即可，现多采用打药机（图6-26）或无人机（图6-27，图6-28）。据相关报道，用生物混合药剂（"五四零六"、细胞分裂素、家抗120、农丰菌、生物固氮肥相混合）对古侧柏或古圆柏实施叶面喷施，能明显促进古柏枝叶与根系生长，增加枝叶中叶绿素的含量，并增强了古树名木生长势。

（2）靠接复壮。针对很多古树名木主干出现空洞，运输通道中断，或者古树根系吸收能力差，造成树势差，对此类古树开展靠接是一种非常好的复壮方法。对树势衰弱的古树，可采用靠接法使之恢复生机。

在需靠接的古树名木周围种植2~3株同种幼树，幼树生长旺盛后，将幼树枝条桥接在古树树干上，即将树干一定高度处皮部切开，将幼树枝削成楔形插入古树树皮内侧的形成层，用绳子扎紧，愈合后，由于幼树根系的吸收作用强，在一定程度上改善了古

图6-26　打药机喷施叶面肥

图6-27 无人机喷施叶面肥前准备　　　　图6-28 无人机喷施叶面肥

树体内的水分和养分状况，对恢复古树的长势有较好的效果。

以太原市为例，简单介绍靠接复壮做法：2012年4月中旬，太原市园林科创服务中心古树保健技术课题组对太原市尖草坪区杜家村8号院中的E004国槐古树（图6-29）、柏板村E024国槐古树（图6-30）实施靠接试验。这两株古树具有相当的典型性：E004国槐古树根系衰弱，无法吸收足够的营养物质；E024国槐古树主干出现空洞，运输通道中断。

选取的靠接材料为胸径为2~3cm两至三年生的国槐幼苗，这种国槐幼苗生长活性强，移栽成活率高，桥接人工操作难度小，能够获得好的效果。在每个试验古树周围按照实际情况种植3株国槐幼苗，这些国槐幼苗当年栽植，当年生长成活。

2013年4月下旬，待国槐树液流动开始后进行靠接试验。具体操作步骤如下：首先配制兼接连接粘剂，熟猪油：医用凡士林=2∶1混合拌匀，待使

图6-29 靠接1　　　　　　　　　　　图6-30 靠接2

用；用消过毒的快刀将小国槐切除大的斜面，露出形成层；将古树树皮拨开，也露出形成层；将二者用麻绳多层缠绕绑扎结实，或用不锈钢钉连接在一起，钉牢固，周围用靠接连接剂均匀涂抹，不漏空隙，防治病菌感染。试验取得了成功，国槐幼苗能为古树提供水分和养料，达到了复壮预期目标。

（3）疏花、疏果调节复壮。树木生殖生长过剩，营养生长则会减弱，常出现多花多果现象，这是植物生长的一种自我调节，也是树木生长势开始急剧降低的征兆。多花多果会大量消耗古树名木营养，造成严重的不良后果。控制古树名木生殖生长，促进营养生长，可采用化学药剂疏花、疏果，喷药时间以秋末或仲春为好。

国槐：开花期喷施500mg几萘乙酸加3000mg/L西维因或200mg几赤霉素。

侧柏：春季喷施，以800mg/L～1000mg/L萘乙酸或800mg/L 2-4D植物生长调节剂或400mg/L～600mg/L吲哚乙酸为宜。秋末喷施，以200～400mg/L萘乙酸对抑制第二年产生雌雄球花的效果很好。

油松：春季喷施400mg/L～1000mg/L萘乙酸。

桧柏：春季喷施，以800mg/L～1000mg/L萘乙酸或800mg/L 2-4D植物生长调节剂或400mg/L～600mg/L吲哚乙酸为宜。秋末喷施，以800mg/L萘乙酸为好对抑制第二年产生雌雄球花的效果很好。

三、复壮施工保障方案

1. 建设方、施工方、监理方应会审施工方案。对方案中的疑点问题，三方应共同会商并认定。

2. 施工前应对施工人员培训，明确把握古树名木复壮过程中的注意事项，掌握施工流程及规范操作。技术指导人员、工程监理人员施工过程中全程监督，不得离岗。

3. 建立古树名木复壮施工日常检查制度，做好每株古树名木日常检查工作，工作手册记录全面，规范，客观，施工期间古树名木长势情况每日拍照登记。收集整理相关资料。检查并保护好古树名木设施（如围栏、支撑、标志牌等），不得因施工造成破损、丢失等。

4. 施工期间，古树名木周围设置安全警戒设施，夜间设置警示灯，严防无关人员进入。

5. 古树名木树冠垂直投影外沿5m范围内，严禁堆置施工物料、施工工具、搭设临时设施、长时间无故停滞施工车辆等有碍古树名木正常生长的活动。

6. 施工期间，采取保障措施，加强古树名木正常生长的养护管理，引入附近水源，使用浇水软管定期对古树名木进行浇水养护。保证古树名木不因施工原因而发生生长势衰退。

7. 施工产生的废弃物、渣土、垃圾、修剪枝条等必须做到当天产生，当天清运，做到文明施工。

8. 协调好古树驻地单位工作关系，统一调度，听从业主单位指挥，确保古树复壮工程顺利开展并完成。

四、施工安全方案

根据现场条件，在复壮施工过程中加强安全保护措施：

1. 建立分包领导负责制，同在该区域施工的分包领导签订古树保护协议，古树名木一旦遭到人为损伤和破坏，追究其负责人责任。制定古树名木保护施工安全责任制度，建立安全施工保障组织，确定安全责任监管人员及职责。

2. 施工人员必须穿戴安全装备，否则不能进入施工现场。

3. 在土方开挖施工时，施工作业人员应小心谨慎。机械挖掘进入古树名木安全范围内时，应人工配合机械开挖到基坑边；钻孔时应小心操作，避免扰动古树名木周边的土层。

4. 针对古树名木与复壮基坑的位置关系，必要时安装基坑支护体系设备及器械。古树名木与基坑支护体系较近的，采取一桩到顶的支护方式。

5. 施工阶段，加强对施工车辆驾驶员的管理及指挥，在施工过程中，必须绕过古树名木枝叶范围，严禁破损树体。

6. 在脚手架、升降车等高空作业和复壮沟开挖施工过程中均要加强现场管理和安全保护。

7. 古树施工范围外侧设立防护栏杆及标识牌，避免车辆行驶及转弯过程中撞到古树。

8. 大风、强降雨等恶劣天气严禁施工作业。

9. 如在施工过程中古树名木出现病虫害，应请专家及时进行诊断防治。

第七篇　古树名木树体修复保护

古树名木的树体保护主要指古树名木的根部、茎部（主干、枝条）的保护，不包含叶片、果实等器官。古树名木树体受损主要有两种情况：腐烂和树洞。通过防腐、固化和修补树洞的方式对古树名木树体加以修复保护，达到降低古树树体损伤危害程度，不再继续恶化，提高古树名木生长势的目标。

一、腐烂处理技术

古树名木经过百年以上长期生长，往往都会有寄生性真菌附着在古树树体，这些病菌会引起古树名木干部或根部发生病害。由于病菌、霉菌等微生物的侵入及蔓延，树体内运输水分和矿物质导管、运输有机物质的筛管会受到阻塞或切断，树体正常生长受到抑制，树木的木质部和韧皮部等变质，造成树木腐朽，它不是偶然性的，而是多年连续不断发展的结果。此外，由于病虫害、自然灾害、人为因素等原因也使得古树名木树体树皮脱落，露出了木质部，木质部暴露在外界中，极易受到风吹雨淋、病菌霉菌侵染、昆虫侵入等外界环境因素逐渐腐蚀，甚至出现空洞。树木发生腐朽的过程比较缓慢，腐朽过程有的可达几十年，甚至上百年。树木腐朽与树龄有着密切的关系，在同样条件下，树龄越大，腐朽率越高，同时树木腐朽率与树木直径也是相联系的。不论任何树种或任何环境条件，腐朽率都会随树龄的增长而增加。

树木腐朽的结果就是腐烂。古树名木的根、枝干很重要，是维持古树名木生命的基础。如果根部、树干受到损伤，如果不及时修复，任其发展，内部就产生病菌，树体逐渐腐烂。古树名木的树体腐烂的程度分为三种程度：轻度腐烂、中度腐烂和重度腐烂。

轻度腐烂：古树名木树体树皮死亡，韧皮部也会失去生命活力，树皮留存，木质部外侧出现死亡，但木质部内侧及髓仍然正常。

中度腐烂：古树名木树体树皮彻底死亡，树皮不留存，木质部及髓全部死亡，木质部完全脱水，形成坚硬的干木段。

重度腐烂：古树名木树体树皮彻底死亡，树皮不留存，木质部及髓全部死亡，木质部完全脱水，且木质部深度腐烂，酥散易碎，形成疏松质软的残存木段。

要解决古树名木树体腐烂问题，需要早处理，不要等到严重的时候再修复。根系相较于树干腐烂相对更好恢复。根部腐烂之后，需要清理腐烂部位，消毒处理干净，供给营养，包扎好即可。树干一旦受到损伤后会快速氧化，氧化会加速腐烂，所以紧急处理越快越好。保护做法与医院外科手术类似，首先清理，其次消毒，再次涂防腐药品，最后再定期检查即可。

为防止古树名木进一步腐蚀，必须要做好防腐处理。防腐处理首先要彻底清理已经腐烂的朽木部位，朽木外边缘部分也应彻底清理干净朽木，以利封堵。然后使用5%季铵铜溶液或与杀菌剂混合液对裸露的木质部喷雾两遍，消毒杀菌。完成上述两步骤后，就可以使用防腐剂处理古树名木腐烂部位。按照使用防腐剂材料不同，防腐技术主要有桐油、化学防腐剂、生物活性物质、固化剂四种防腐技术。

（一）桐油防腐技术

防腐材料首选推荐使用桐油。由于桐油具有一定的可燃性，桐油中要加入少量的阻燃剂。如果使用刷子涂抹，可使用生桐油（图7-1），生桐油要先过滤去杂质，然后再使用；若用喷壶喷涂，建议使用熟桐油，也可以使用轻质洁净桐油。防腐操作通常需要完成三遍，

图7-1　桐油防腐施工

每一遍干燥后方可进行下一遍作业。桐油防腐处理首先用小凿子将朽蚀腐烂部分除去，然后用铁丝刷刷掉细屑，最后用细砂布打磨光滑后才刷桐油，刷完的颜色是黄褐色或棕黄色。如果处理树体朽蚀部分不干净，刷完桐油的颜色为黑色。为了使桐油完全浸入树体，最好采用刷子涂抹，对于一些位置较高或人工难以到达的地方，可用喷壶喷施桐油的方法防腐，但是防腐效果不及刷子涂抹方法。

— 延伸阅读 —

桐油的小常识

桐油是桐树果实或种子经机械压榨，加工提炼制成的工业用植物油。桐树是多年生树木，生长在远离城市的山区。桐树抗病虫能力强，整个生长过程中不需施肥和农药。桐油是一种优良的植物油，它具有迅速干燥、附着力强、耐热、耐酸、耐碱、防锈、不导电、耐高温、耐腐蚀等特点，此外，桐油还具有一定防水性。

桐油在市面上通常有生桐油和熟桐油两种，生桐油和熟桐油的区别：①加工程度不同：生桐油是桐树果实或种子直接压制出来的，未经过深加工的原桐油；熟桐油则是经过工业深加工，添加了其他物质。②成分不同：生桐油与植物油相近，没有化学刺激气味，熟桐油成分含有松香、清漆等化学物质。③干的速度不同：生桐油黏度大，密度大，干得就很慢，熟桐油黏度相对较稀，密度也小，干得快。④颜色不同：生桐油颜色呈棕黄色，熟桐油的颜色呈现淡黄色、淡咖啡色等。⑤防腐施工使用方法不同：生桐油可以直接用刷子直接涂抹古树腐烂部分，熟桐油适合使用喷壶喷施作业。

（二）化学防腐剂防腐技术

木质部严重腐烂朽蚀，仅仅依靠桐油防腐效果有限，也可以使用化学防腐剂（图7-2，图7-3，图7-4，图7-5，图7-6）。多种化学

图7-2　树干内部严重腐烂

图7-3　彻底清理腐烂物

图7-4　腐烂物中的天牛幼虫

图7-5　化学防腐剂涂抹
树干内部

图7-6　封闭腐烂树洞

品可以用作消毒剂或防腐剂，许多化学品其杀菌效果更快也更好。但同时，许多杀菌剂对人或环境有害，应当严格按生产商的说明书进行选择、贮存、操作、使用。正确使用化学杀菌剂可以确保古树名木的安全（表7-1），为了操作安全，在稀释化学杀菌剂时应戴手套、围裙和保护眼睛的器具。应尽可能控制使用化学防腐剂的数量，减少自身毒性污染性物质的危险。

表7-1　两种防腐方法优缺点比较

比较内容	适用范围	优　点	缺　点
桐油防腐	朽蚀不严重古树木质部	桐油对树体无化学性伤害，还具有杀虫灭菌功效。除用于树体防腐外，还可用于树体伤口处理。	防潮密封效果较差差。
化学防腐剂防腐	朽蚀严重的古树木质部	防腐后形成坚硬致密的外层，不仅能加固树体，还能有效防治外界病虫害侵染，防水效果好，延长防腐时间。	化学材料，对活树体有危害；施工材料中含有易燃物质，对古树名木防火有严重隐患。

（三）生物活性物质防腐技术

利用活性组分黄柏碱、霍多林碱、药根碱、斯替明碱、直立百部碱、柠檬烯、甲氧基欧芹酚等，与农药助剂（木质素磺酸钠、十二烷基苯磺酸钠、十二烷基苯磺酸钙、脂肪醇聚氧乙烯醚、聚乙烯醇、硬脂酰乳酸钙）及乙醇按一定比例配制成制剂，用于古树名木防腐抑制杀灭霉菌、酵母菌、腐生菌。使用方法多样，可以通过对腐烂部位进行针筒注射、涂擦清洗或喷雾处理等方法，对古树名木具有较好的防腐、消毒、杀虫效果，不仅能抑制和杀灭树洞腐烂处残留的各类霉菌、酵母菌、腐生菌等，而且还能同时消灭多种害虫，此外，对防腐处理后的古树名木生长势快速恢复也有很好的效果。

（四）固化处理技术

为了保持古树名木树体的完整性和优美树形，彰显历史沧桑，适当保留死枝或朽枝也是很有必要的。某些古树名木严重朽蚀，树体木质部呈现碎末状剥落，为加强树体牢固程度，这时就必须进行固化处理。先用小刷子把树体朽蚀部分上的灰尘、杂物等清理干净，对于树体缝隙中的灰尘、枯叶要用气泵清除。按照正常程序消毒后，使用固化液防腐处理。固化液中的成分环氧树脂、固化促进剂、稀料等按照一定比例混合，搅拌均匀（加入一定量的阻燃剂）（图7-7）后涂抹在树体朽蚀部位（图7-8）。一般情况下，24h后即风干。固化液要至少涂抹三遍。干燥后方可进行下一遍操作。环氧树脂使用前要加热融化。固化促进剂使用量不能过多，如果过多会造成固化液颜色发

图7-7　配置固化液

图7-8　固化施工

黄，涂抹过程中的下流液呈浓胶状，影响美观，而且固化剂过多，风干时间反而延长，影响施工进度。

二、树洞修补技术

（一）树洞产生的原因

古树名木由于自然条件、病虫害的侵入，枝干折断等原因，产生的创伤后未及时进行防腐处理，伤口出现溃疡，引起裸露的韧皮部或木质部受到真菌类微生物危害，随着病菌侵染加剧而产生腐烂，腐烂程度日益加重，最终形成树洞。树干内部严重中空，树皮破裂，一般称为"破肚子"。树洞降低了树干的坚固性，缩短了古树名木的寿命，特别是国槐等古树树种，基本上都有不同程度的空洞。

古树名木树洞的形成，总结有以下七种原因：

1.机械伤害

由于车辆、机械或人为等原因碰撞古树名木树体，造成树体劈裂、折断、产生伤口。机械伤害亦会削弱树势，而且伤口的存在往往成为病原物的入侵通道，会诱发某些病害的加重发生，引起木质部朽蚀加剧而产生树洞。

2.修剪不当

园林作业人员修剪操作不规范，伤口处理不规范，造成古树名木枝条修剪口未能愈合，使得雨水、病菌等侵入伤口，古树名木木质部不断朽蚀并产生树洞。

3.病菌及腐生菌的侵染

古树名木的韧皮部或木质部受到创伤后未能及时自愈合，真菌、霉菌、病菌、腐生菌等大量长期危害，使得树洞形成的速度大大加快。

4.大枝或主枝死亡

古树名木因为种种原因，大枝或主枝死亡，未能及时处理，死亡部分产生的病菌、腐生菌侵入活的树体部分，造成树体内部朽蚀程度加剧，形成日益扩大的树洞。

图7-9 蚁穴危害树体　　　　　　　　图7-10 鸟类危害树体

5.害虫和动物的侵袭

蚁类特别喜欢在这种树体修建蚁穴，严重危害古树树体健康（图7-9）。中国蚁类种类繁多，约有600种，分布在北方地区的蚁类主要有小黄家蚁、大头蚁、洛氏路舍蚁等，尤其会对古树名木的根部、主干处木质部都会产生不同程度的危害，蚁类对国槐、柳树等古树树体产生严重危害较为常见。树洞形成以后，自然界中的动物又进一步加剧了古树名木树体的朽蚀。古树名木树体保护应每年定期观察蚁害，有针对性地采取措施消灭蚂蚁，减缓树体朽蚀速度。古树名木树体高大，许多主枝木质发生朽蚀，极易吸引鸟类筑巢。鸟类通过啃食树皮、雕琢树体内部空洞，进一步加剧了古树名木树体的朽蚀危害程度（图7-10）。

6.自然灾害

日灼、大风、雪压、冻害、雷击等自然灾害是造成古树名木树体损伤最主要的原因，产生的伤口未能愈合，长时间的雨水浸渗和腐生菌侵蚀造成树洞逐渐形成。

7.积水

古树名木树体凹陷部分容易积水，长期积水会通过树皮缝隙或伤口逐渐渗入树体内部，湿润的环境是病菌、腐生菌、霉菌滋生的最重要条件，也是形成树洞的原因之一。

（二）树洞的类型

根据树洞的着生位置及程度可将树洞分为5类：①洞口朝上或洞口与主干的夹角大于120度的为朝天洞（图7-11）；②有两个以上洞口，洞内木质部

图7-11 朝天洞

图7-12 通干洞

图7-13 侧洞

图7-14 夹缝洞

图7-15 落地洞

腐烂相通，只剩下韧皮部及少量木质部的为通干洞（又名对穿洞）（图7-12）；③洞口面与地面基本平行，多见于主干处的侧洞（图7-13）；④树洞的位置位于主干或分枝的分叉点的为夹缝洞（图7-14）；⑤树洞靠近地面近根部的为落地洞（图7-15）。

— 延伸阅读 —

树洞修补的争议

关于古树名木树洞是否修补的问题，现在仍存在很大的争议。目前，主要有三种意见。

意见一：坚决反对修补树洞

古树名木所有的树洞皆因外界损伤或病虫危害等原因导致树体出现小的伤口，刚开始都不是大洞。如果未能引起注意并采取合理的保护措施，伤口出现积水后，腐生菌开始入侵，日积月累就会由小洞演化成大洞。大洞一旦形成，无论用什么材料来修补都无济于事。因为树体是活体，无论是砖石水泥，还是高技术的发泡材料，都不能与树体很好地贴合在一起。很多刚开始看上去封闭得很严的树洞，经过一段时间都会或多或少出现裂缝。水是无孔不入的，一旦补过的树洞积水，反而会加剧树洞进一步腐烂、扩大。

坚决反对者认为：古树名木修补树洞是被动的，正确的做法应该是防微杜渐，加强对古树名木的养护管理，发挥树体本身抗御外界不利因素的能力，在树洞要形成还未形成之际，及时对伤口进行杀菌、防腐等保护处理，激活树体伤口自愈能力，从根本上杜绝树洞形成的可能。至于已经形成的树洞，还是应倡导开敞的处理方式，用中国传统防腐用的桐油加辅料方式定期对其进行处理。如此做法，可保证洞体内干燥通风，没了杂菌滋生的环境，树洞也就不再继续扩大，是目前省钱省力且有效的好办法，节省的古树名木保护资金用在古树名木复壮等更需要的地方。

在日本、德国等发达国家，对树洞的处理一般都是采取开敞的处理方式，很少有堵树洞的。目前，北京已经开始花大力气清理部分以往修补树洞的古树名木，恢复古树名木的古朴、沧桑，以一种自然美的原始状态呈现古树名木的一种"夕阳美"。例如：北京香山公园有几十棵古树就清理掉原先的修补材料，重新防腐，以全新的面貌呈现在世人面前。

国内堵树洞也是近些年才开始流行的。中国古树名木保护专家徐公天着重指出，目前一些花哨的补洞技术缺少科学依据，事实上也出现了很多问题，是业界应该走出的误区。

意见二：确保树体安全，需要修补树洞

在古树名木树洞的处理上，有些树洞仅靠开敞处理显然不够，树体安全尤为重要。古树名木因为树洞未能及时修补，树体朽蚀严重，造成古树名木主干断裂或树枝劈裂案例国内外每年都会发生，而且在大风强降雨等强对流天气发生的概率更高。因此，单从安全的考虑也必须对这些树洞进行修补。

尤其是位于居住区内、道路两侧以及公园内人们活动频繁区域内的古树名木，如果树干不是很粗，而树洞却偏大，树体比较容易晃动，极有可能出现折断、倒伏等情况，这不仅仅是古树名木不可挽回的损失，而且会伤及行人及车辆安全。此外，树洞如若不补，则有可能成为鸟类、蚂蚁、壁虎等小动物的安乐窝，他们的破坏行为会使得树洞越来越大，对树体的损坏也会日趋严重。

至于因补树洞而导致的加速树体腐烂的案例，这一问题恰恰说明目前国内的补树洞技术还不完美，这正是当前树洞修补所面临的技术难题，需要对相关新技术、新材料继续加强研究，以求得相对理想的解决方案。近几年，北京古树名木保护工作者在北京植物园古树树洞修补中进行了一系列的新探索，并开拓出"补干不补皮""雨水导出法"等新技术，在一定程度上克服了树洞积水的难题。

意见三：视情况具体分析，不能一概而论

树洞补不补不能一概而论，一定要因树、因时、因情况采取适宜的解决方案。之所以视情况具体分析，不能一概而论，是因为树洞情况不同，如洞口向上的朝天洞，必须补，而且修补面要略高于周边树皮，利于水分向外排出。注意修补面不能积水。而通干洞则只作防腐处理，并合理设置好导流管即可。此外，古树名木保护要分轻重缓急，如果树洞不是导致该树濒危衰弱的关键因素，就做好防腐。古树名木是生长变化的，而修补树洞的材料是固定的，截至目前还没有一种方法能够彻底解决修补树洞渗水、漏水问题，所以树洞修补完成后一段时间后，修补过的地方又会出现缝隙而导致雨水进入树体，加速树体的朽蚀。许多古树名木有着与众不同的"空洞"美感，只要是不影响生长或没有雨水渗入加速朽蚀，就不需要修补，而那些树洞朝向天空的树洞就必须修补，并且必须做好导水措施。古树名木保护往往都要将树洞修补完整，保持外观的美感。大型树洞要根据具体情况采用不同的方法，如支柱式、空心封闭式，开放式、满填式等。古树名木修补树洞有时会采用树脂、泡沫发泡剂等其他物质填充树洞，这时尤其要注意做好导水措施，例如制作导水管。例如：北京植物园卧佛寺门前有两棵古树，对其树洞的处理分别采取了补与不补的方式。未补树洞的那棵树树洞周边都完全腐烂，清理防腐后，树洞反而是该树的一个观赏点。他们采用了古树盆景化处理，古树树洞保持开放状态，定期进行防腐处理，同时为增加安全性及观赏性，设置围栏，防止垃圾、烟头等侵害树体，此外对树冠进行了适当调整并加上支撑，保持上下左右平衡，其自然空洞的树干已经成为很多游人到北京植物园必看的一大景观。另一棵古树情况则不同，它的树冠特别大，主干树洞距地面有6m距离，需要通过补洞保证主干部树洞不再扩大，确保支撑树冠的主干稳固结实。为防止树洞裂缝渗水，他们进行了导雨水处理。后期设置专人定期检查，尤其在雨前一定要特意检查修补过的树洞，发现裂缝后及时填充。在他们的精心管护下，这棵修补过树洞的古树并没有出现渗水情况，长势很好，枝繁叶茂，与未修补树洞古树共同形成卧佛寺门前的奇观。

古树名木修补树洞最好是能不修补就不要修补。许多古树有着与众不同的"空洞"美感，只要是不影响生长或没有雨水渗入加速朽蚀，就不必要修补。目前，无论怎样修补树洞，都会对古树产生一定程度的伤害，勿要美丽而放弃健康。

在许多人的心目中，古树名木破破烂烂是很不好的，开膛破肚更是难看至极。出于对古树名木保护的角度，只有修补树洞，贴上假树皮，修理得整整齐齐就是好的。古树名木管理部门往往会硬性要求施工单位对古树名木树体修复时都必须修补完整树洞，保持古树名木外观的美感，古树名木管理部门要改变思想和审美，一定要摒弃这种不正确的思想。

对古树修补树洞是否内部填充材料，古树名木保护研究学术界目前更加倾向于不添加材料的做法。古树名木修补树洞有时会采用水泥、树脂、泡沫发泡剂等物质填充树洞，这些不透气材料填充后，古树名木木质部不仅受到填充物质的化学侵蚀，而且填充的木质部更容易积水，加速朽蚀，反而因为修补树洞造成古树名木树体的二次伤害，属于典型的破坏式保护、非科学性保护，应杜绝上述操作。但是，古树名木情况千差万别，一概而论不添加填充物未免过于偏激，应该针对古树名木具体情况采取相应的措施。有些古树树体主干严重朽蚀，只剩下树皮支撑树冠，极易发生古树倒伏、主干折断等危险，即使人为增加支撑、拉纤等也不能完全保证古树树体绝对安全。遇到这种情况，古树名木树洞填充材料加固树体的做法还是可取的。出于加固树体的目的，古树名木修补树洞应使用无害化物质填充树洞，尤其要注意做好导水措施，科学合理设计并制作安装导水管。

加强古树名木日常养护管理工作，古树名木要经常清除病虫枝、风折枝、稀疏叶色变黄的叶片及附着于树体的真菌子实体，减少病菌侵袭。若已经有了腐朽，可用刀子、凿等工具挖掉腐朽部分，在切口处涂抹伤口愈合剂和防水剂。经过这样处理后，树洞不积水，就不会再引起腐朽。

— 延伸阅读 —

"补洞不补干，补干不补皮"古树名木树洞修补新风尚

"补洞不补干，补干不补皮"是近些年学术界比较推崇的新的树洞修补方式。"补洞不补干"即古树名木主干的树洞只做防腐处理，一般不进行修补树洞处理，这样做能够更加有效地保持主干树洞内部干燥，斑驳沧桑的树洞更加彰显古树的古朴。如果树洞不大，且洞口并没有朝天，主干或主枝相对比较完整，则采取"补干不补皮"的手法，此时可以考虑做好防腐处理，填充树洞内部，将树洞表面做成光滑面木质部，而无需进行仿真树皮处理，达到修旧如旧的效果。

（三）树洞修补操作步骤

根据树种特点、树洞位置、大小及实际要求，树洞修补需要科学分步实施：

1.确定修补方案

不同类型的树洞在处理时应注意其不同属性，确定不同的修补树洞方案：①朝天洞修补面必须高于周边树皮，中间略高，四周略低，形成高差自流水，注意修补面不能积水。②通干洞一般只做防腐处理，尽可能做得彻底，树洞内时有不定根，保护好不定根，并合理设置好导流管，使流水更顺畅地排出。③不腐烂、不积水的侧洞通常只进行防腐。④夹缝洞引流不畅的都要补。⑤落地洞分对穿与非对穿两种类型。通常非对穿洞要补，对穿形式的落地洞，一般不补，只做防腐处理。落地洞的处理以不伤害根系为原则。

总之，在树洞修复操作前要分析树皮脱落和树洞产生的原因，是病虫害

危害造成的，还是外力碰伤所致，在调查研究取得真实的资料后，方可制定科学合理方案，在得到有关部门的确认后方可实施。

2.树洞清理

清除树洞内的垃圾及腐烂组织，直至露出健康组织。树洞内清腐应使用合适的工具，如榔头、刮刀、凿子、刷子、铲刀等。对腐烂木质部进行清除，要求将树洞内所有腐烂的和已变色的木质部全部清除，注意不要伤及健康木质部，至硬木即可；刮削洞口腐烂树皮至鲜活部位即可。愈合状洞口不宜刮削。

3.杀菌消毒

对洞内、洞口喷施药剂防虫处理和杀菌消毒。树洞内除虫可用灭蛀磷原液，用针筒注射或毛笔涂擦。除虫药作业完成一天后方可杀菌消毒，消毒剂主要用硫酸铜，比例为1∶30~50倍，也可使用高锰酸钾消毒。消毒时使用小型瓶式喷雾器即可。

4.防腐处理

在树洞表面均匀涂刷一层具有灭菌封闭作用的专用防腐剂如：桐油及防水化合物。

5.封合修补

用专用环氧树脂、不饱和树脂、硅胶、滑石粉等材料配比制成封闭材料，或者直接粘贴假树皮封闭。封合树洞表面时，封闭材料或假树皮应与树洞原表面或者填充后的树洞封闭表面完全黏合，不能留有缝隙。

6.仿真处理

通过描绘与树皮近似的颜色、勾画与树皮相近的纹路等方式，对树洞最外层进行仿真处理。

（四）树洞修补方法

目前对古树名木的树洞处理主要有以下三种：

1.开放法

侧向大树洞、通干洞等通常可以采用此法。树洞很大，给人以奇树之感，欲留作观赏时也可采用此法。树洞虽然巨大，但韧皮部及树皮结实强度高，树洞内部无填充的必要时亦可按开放法处理。

开放法的处理方法是将洞内腐烂木质部彻底清除，刮去洞口边缘的死组织，直至露出新的组织为止，用5%硫酸铜药剂消毒，并涂防腐剂桐油。同时改变树洞内部形状，以利排水，也可以在树洞最下端插入

图7-16排水管

排水管（图7-16）。以后需经常检查防水层和排水情况，防腐剂每隔半年左右重涂一次。

2.封闭法

封闭法适用于面积不是太大，洞口朝天，夹缝洞等类型的树洞。首先对树洞内部整形，目的是消灭凹陷易汇聚水分的"水袋"，防止积水。树洞洞口外部整形要求不能伤及活的树皮，将严重腐烂朽蚀的部分完全去除，只留下硬木部分即可。硬木部分需要打磨光滑，方便后续工序操作。其次对树洞内外部进行严格消毒。再次在洞口内部做好支撑，且不填充填料，并在洞口表面覆以金属网或金属薄片，金属网或金属薄片位置要摆放准确，嵌入位置不要与树体留有大的缝隙，用电镀铁钉钉好。金属网或金属薄片可适当凸起，待其后续工序完成后外观自然；也可将树洞经处理消毒后，在洞口表面钉上板条，以油灰和麻刀灰封闭（油灰是用生石灰和熟桐油以3：1混合而成；也可以直接用安装玻璃用的油灰俗称"腻子"），或在铁丝网外覆玻璃丝布，用铁丝绑扎牢固，再涂以硅胶制作假树皮，颜料粉面，以增加美观；或者在玻璃丝布上粘贴一层假树皮。

对于较大树洞，树洞内设置支撑，支撑材料要求结实耐朽蚀。利用支撑材料的作用是其上覆盖金属网，用螺丝钉使其与树体嵌合牢固，然后将玻璃丝布放入石膏浆（石膏与107胶等比例混合，加入少量水，混合均匀）中浸湿，快速平铺在金属网上，在其干燥后，玻璃丝布上人工涂抹硅胶材料，并设置形状及纹理。彻底干燥后，用聚丙烯颜料配色粉刷。颜料干燥后，再用

图7-17 树干空洞完成消毒

图7-18 设置龙骨及铁丝网

图7-19 玻璃丝布衬底

环氧树脂均匀涂抹做好防水固化处理。

3.填充法

填充法只适用于主干具有面积较大的树洞，且树体主干支撑力不强，树洞的存在可能造成古树名木产生倒伏、劈裂等严重后果，这种情况需要采用填充法。填充树洞不仅美化树体，而且能显著增强古树名木树体的支撑力。

先对树洞内外部进行严格的消毒（图7-17），然后在洞口内部做好支撑（图7-18），在做好导水的基础上，填充材料。填充物过去是水泥和小石砾的混合物，现在多用发泡剂作为填充材料。应用填充材料补洞的关键是填充材料的选择，一般情况下，选择的材料须具备以下三个条件：①pH值最好为中性；②收缩性与木材的大致相等；③与木质部的亲和力要强。现常用的填充材料有木炭、玻璃纤维、聚氨酯发泡剂或尿醛树脂发泡剂等。填充材料必须压实，为加强填料与木质部连接，洞内可钉若干电镀铁钉。填充物从底部开始，每20~25cm为一层用油毡隔开，每层表面都向外略斜，以利排水。填充物边缘不应超过木质部外缘，使形成层能在它上面形成愈伤组织。填充物上必须覆盖衬底（图7-19），为了增加美观，富有真实感，在最外面粘贴一层真树皮，外层也可以用硅胶制作假树皮，描绘上色美化。粘贴层假树皮（图7-20，图7-21，图7-22），这种方法操作简单，施工周期短，但是假树皮易变形开张，使用寿命短。

有些树洞面积较小，而且洞口面朝天空，容易出现积聚雨水的情况，也可采用填充法。填充

图7-20 粘贴假树皮　　　图7-21 假树皮封缝　　　图7-22 上色,完工

材料可以选用龙骨木料,将龙骨木料都截成30~40cm的短木段,整齐地垂直紧塞在洞口,构成一个圆柱体的造型。再用细铁丝网罩住整个造型,用铁钉固定结实。防水使用环氧树脂和腻子粉配制的材料,用腻子刀将防水材料涂抹在造型上,待防水材料快干燥时,用刀片划出树木的纹理(图7-23)。彻底干燥

图7-23 制作假树皮纹理

后,用色浆上色,为了追求效果逼真,再向造型撒一些细土。

　　近几年,修补树洞的材料不断进步,多采用不饱和树脂制作假树皮封闭

图7-24 修补前树体空洞　　　图7-25 树洞修补后效果　　　图7-26 修补前树体空洞

图7-27　树洞修补后　图7-28　修补前树洞　　图7-29　树洞修补后效果

树洞（图7-24，7-25，7-26，7-27，7-28，7-29）。不饱和树脂制作假树皮非常结实，抗冲击力强，着色效果好，外形几乎与真树皮一样，寿命长。但是这种方法材料配比复杂，假树皮塑形构型困难，需要借助模具，成本较高。

— 延伸阅读 —

古树名木树洞修补是防腐技术的下道工序

防腐和补洞是古树名木保护的两项技术措施，通过防腐、补洞，促进古树名木伤口愈合，改善树貌，可以延长古树名木寿命。在对树洞进行处理时，既有共性，又有特殊性。共性包括树体朽蚀部分清理，主要步骤是凿铣、清理；洞口的整形与处理；消毒和防腐处理。特殊性是树洞修补需要继续对树洞加固；完成补皮工作。古树修补树洞就是防腐的后续施工作业程序，进一步提升树洞的修补效果。

三、树冠整理

— 延伸阅读 —

古树名木能不能修剪？

在我国许多地方，修剪古树名木成了禁忌，多种迷信和传说使得修剪古树名木成为遭报应的行为，众多群众对此观点深信不疑。

一定要改变古树名木不能修剪的理念。

在不影响古树名木景观和树形的前提下，对易折和树体不稳固的枝杈进行谨慎地"瘦身"处理是必要的，根据不同树种的生物学特性，对树冠进行因势利导地整理树冠。适当树冠整理，以利于通风透光，减少虫害，促进更新、复壮，实践证明效果很好。

（一）树冠整理应遵循的四个重要原则

第一，对枯死枝、病虫枝、劈裂枝可进行修剪，但对承担着重要景观作用的枯死大枝不应修剪，应采取防腐、加固措施进行保留。

第二，古树名木树冠整理以少整枝、少短截、轻剪、疏剪为主，保持原有树形为原则，短截局部枝条，促进树冠的均衡发展。

第三，对与电线、房屋有矛盾的活枝、有安全隐患的活枝以及通过修剪可定向复壮某些枝条时可进行修剪，修剪前应制定修剪方案，报送主管部门批准后方可实施。

第四，树冠整理后必须进行伤口处理。

（二）树冠整理时间

在太原地区，落叶古树名木树种树冠整理一般在暮秋或初春前进行即可（图7-30）。常绿古树名木如油松、侧柏等可随时修剪。当年枝上开花的古树，如紫藤等可于落叶后或花落后修剪。如遇树梢被雪压、风吹攀折等特殊情况，可及时施行树冠整理，以促发新枝或有助于破裂受伤处恢复生长。普通树种的古树名木，在加固树体的同时也可进行枝丫的少量修剪，修剪时间可以灵活掌握。

应对古树名木的树种和生长习性有所了解。如榆树、国槐等古树，应在休眠期（树体内树液流动性最差，树液压力最小）施行树冠整理。核桃树枝条髓

图7-30 修剪古树

心粗，且有伤流现象，应在秋季落叶时和春季发芽时进行修剪严禁冬季修剪。

（三）树冠整理方法

1.前期准备

在修剪古树名木之前，务必由古树名木管理经验丰富的技术人员制定树冠整理方案。

修剪作业之前，专业技术人员可在锯口处用笔做出标记修剪线，专业技术人员应详尽、细致地向工人交代修剪技术和操作方法，再由工人操作。

2.修剪次序

修剪的次序，一般按照先锯除小枝后大枝，从上部到下部，从冠内到冠外的次序依次修剪。这种顺序可防止毁损活树枝。

在剪除大枝时，剪口应设在接近主干和主枝树液流动活跃的分枝处，切不可距主干过近。

修剪应逐节小段式修剪，一次性整段修剪是不正确的。应注意在预先规定截口位置之外30cm至40cm处将锯从下往上锯，深约干径的1/3，再以截口的位置从上向下锯，将枝锯断。这样修剪可以防止劈裂、撕皮和抽心。然后用同样的办法在预先规定处将残枝锯下。

在锯除粗壮的枯桩或枯枝时，应在活树体外侧锯断，注意不要伤及活树体。假如锯茬高于活树体，应用凿子将内部的死木质部全部凿去，使之低于活树体，以利于受伤破裂处长好。在实践中证明，将截口周边的活皮层切成倒梯字形，比直形或正梯字形的切口长，且好得更快。

截口直径大于5cm的，应将锯口的上下延伸削减成一个圆形平面，切面要平整、光滑，这样做更有利于受伤破裂处快速长好。

在建筑近旁截除大枝，应先用较粗的绳子将被截枝吊在高处的支撑物上，同时在被截枝上系一根较细的辅绳，辅绳主要用来控制树枝掉落的方向，避免毁损近旁的建筑。

对古树名木的内膛小枝，可用小平锯、小铁钩或枝剪去除，应防止毁损活着的小枝，甚至要注意尽力顾及古树名木的每一个芽。

3.保护处理（受伤劈裂枝条处置）

多数古树名木生长势开始衰退，对各种伤害的恢复能力也大为减弱，保护古树名木作业人员更应及时有效地处理伤口。

修剪造成的伤口，应将伤口削平然后涂抹伤口愈合剂等保护剂。对松柏类针叶树，伤口愈合剂的效果往往不理想，截口可以用医用石蜡严密封闭剂处置，避免病菌侵入树体受伤破裂部位，对避免受伤破裂部位木质部腐朽十分有帮助。

对于国槐、榆树、丁香等阔叶树，在春天树液流动前修剪，产生了直径小于5cm的受伤破裂的地方，可以直接涂抹伤口愈合剂，受伤破裂的地方一般在2至3年后可以长好。大于5cm的受伤破裂地方，可先用75%酒精消毒过的修剪工具削平受伤破裂的地方，随后涂抹伤口愈合剂，过2小时后再用石蜡严密封闭剂处置，避免球菌和真菌进入境内受伤破裂的地方。对于没有长好的受伤破裂的地方，应将其彻底整理整洁并用伤口愈合剂和严密封闭剂处置一次。对市场上出售的多种愈伤剂，为达到妥当的目的，最好先尝试使用，证实其效果后再广泛使用。

对于枝干上因病、虫、冻、日灼或轻微劈裂等造成的伤口，先用锋利的刀刮净削平四周，使皮层边缘呈弧形，然后用2%~5%硫酸铜溶液、0.1%的升汞溶液、石硫合剂原液等药剂消毒，然后涂抹伤口愈合剂等保护剂。

四、围栏、支撑、拉纤、避雷针技术

（一）围栏

依据材料不同，分为草白玉围栏（图7-31）、铁艺围栏（图7-32）、砖砌围栏（图7-33）、防腐木围栏（图7-34）、塑钢围栏（图7-35）等类型。

1.水平装置进程

围栏依照古树名木现有供给的规范线装置，作为栏杆的水平规范。

2.装置进程

（1）围栏产品到达施工现场后，依照图纸设计位置和尺度精确要求，确定标高和笔直平整度。根据甲方要求和图纸规划要求进行定位，保证符合规

图 7-31　草白玉围栏

划要求和验收规范。不同材料围栏应根据实际情况设置地下基础。

（2）预埋件的装置应根据图纸的规划要求和施工现场的实际情况精确定位，避免不在一条平行线上。当预埋件遇到古树根系，应当避让根系，重新选择合理位置。

（3）围墙护栏应按供给的规范线水平装置，预埋距离按现场尺度和图纸规划要求装置定位。

（4）装置误差必须符合国家标准和设计要求，并达到验收规范。

（5）预埋件和围栏必须装置牢固，装置误差为预埋件直线度3mm，笔直度3mm，栏杆距离3mm，对角线度3mm，笔直度3mm，水平度3mm，严格执行国家规定和设计要求。

（6）预埋件的装置和定位是否精确。

（7）围栏基础与古树名木根系若发生位置冲突，围栏基础应避让其根系，按照实际情况更改设计和安装。

图7-32 铁艺围栏　　　　　　　　图7-33 防腐木围栏

图7-34 砖砌围栏　　　　　　　　图7-35 塑钢围栏

（二）支撑

树体明显倾斜或树冠大，枝叶密集、主枝中空，易遭风折的古树名木，可采用硬支撑、拉纤、吊拉等方法进行支撑、加固，树体上有劈裂或树冠上有断裂隐患的大主枝可采用螺纹管加固、铁箍加固等方法进行加固。

1.设置树体支撑的一般性原则

（1）选用的材料、规格应根据被支撑、加固树体枝干载荷大小而定，材料质量应合格。

（2）施工工艺应符合相关工程技术标准，安全可靠。

（3）支撑、加固设施与树体接触处应加弹性垫层保护树皮。

（4）支撑、加固材料应经过防腐保护处理。

2.设置支撑技术要求

钢管支撑：所需钢管直径13~25cm，支撑中所用的扣环宽不低于6cm，垫层用橡皮垫层或木块，受力均匀，支撑点要牢固，钢管入土部分不少于50cm，根据地形要求可用砼10#加砌体筑牢（图7-36）。

随着时代发展及审美提升，要求支撑不仅能够保护树体，保障人民生命财产安全，而且更要美观，出现了艺术支撑（图7-37，图7-38）和功能支撑（图7-39）。例如：2019年太原市园林局在太原市儿童医院设置了功能支撑，该功能支撑很好地解决了场地狭小与古树支撑占地的矛盾，成为一处惬意的休闲场所。

3.围箍

围箍是固着古树树体的金属制品，一般由金属圈、橡胶垫片、围箍螺丝

图7-36　树立支撑　　图7-37　艺术支撑　　图7-38　艺术支撑

三部分组成（图7-40）。围箍对于保持树形完整、防止已经开裂树体的劈裂、维持树体重心具有重要的作用。在古树名木保护施工的过程中，围箍螺丝一般要牢固拧紧，保持一定的固着力度。

图7-39　功能支撑

— 延伸阅读 —

围箍扎紧后不松箍？

在古树名木保护施工的过程中，围箍螺丝一般要牢固拧紧，保持一定的固着力度。但是随着古树名木的不断生长，围箍反而越来越成为"紧箍咒"，严重束缚古树名木的生长，甚至有时会破坏树木的韧皮部，造成树体运输有机物质的通道中断，对古树名木的危害极为严重。古树名木养护管理人员应定期检查围箍，定期松箍，保证古树名木正常生长发育。

图7-40　安装围箍

（三）拉纤

拉纤分为硬拉纤和软拉纤两种，硬拉纤常使用直径6cm，壁厚约3mm钢管，两端压扁并打孔套丝口。铁箍常用宽约12cm，厚约0.5～1cm的扁钢制作。对接孔处打孔套丝口，钢管和铁箍外先涂防锈漆，再涂色漆。安装时将钢管的两端与铁箍对接处插在一起，插上螺栓固定，铁箍与树皮间添加橡胶垫。橡胶垫非常必要，否则长时间的接触会使围

图7-41　硬质拉纤

箍嵌入树体，严重影响古树名木正常生长（图7-41）。软拉纤常用8~12mm
的钢丝绳，在被拉树枝或主干的重心以上选准牵引点。钢丝绳通过铁箍或螺
纹杆与被拉树枝连接，并加橡胶垫固定，系上钢丝绳，安装紧线器与另一端
附着体连接。通过紧线器调节钢丝绳紧度，使被拉树皮在一定范围内摇动。
随着古树名木的生长，要适当调节铁箍大小和钢丝绳的松紧度。

（四）吊拉

一般适用于着生地势坡度较大，树体主干倾斜、树冠较大，重心偏离，
易倒伏的古树名木。

可采用两个或三个拉线（根据地形情况决定）。所用的拉线一般是钢绞

图7-42　被撞后的古树

线，不能用8#、10#的铁丝或钢丝绳。
接地部分应设置预埋件，立地牢固，
入土部分不少于50cm，用膨胀螺丝打
紧。接树部分要求部位适当，扣环加
垫层后有适宜的膨胀感，起到拉动效
果。扣环的宽度不低于6cm。

例如：2019年冬季，太原市杏花
岭区三墙路B026国槐古树被机动车撞
断树体（图7-42），后经过吊拉恢复原
位（图7-43）。

（五）避雷针

1.古树名木避雷设施安装要求

按照《古树名木防雷技术规范
（GB/T 21714.2）》规定，生长于下列
区域的古树名木，应按防雷要求采取
必要的防雷措施：

生长于城市、乡村、旅游景点、
景区、寺庙及其他人员密集场所等区

图7-43　吊拉

域的古树名木；靠近河、湖、池塘边的古树名木；生长地周围相对较潮湿地方的古树名木；雷电活动频繁地区的古树名木；曾经遭受雷击的区域的古树名木；位于旷野中的突出位置、树体特别高大的古树名木。

2.古树名木的防雷要求

古树名木防雷保护应坚持预防为主、安全第一、科学合理、统筹兼顾的原则。

要先进行雷击风险评估并论证。古树名木的防雷设计应根据环境条件、地理位置、雷电活动规律以及被保护物的特点等因素综合考虑，采取相应的防雷措施。

防雷装置的形状应与古树名木、自然景观相协调，色彩应与周围环境相匹配。古树名木的防雷应与周围景区建筑物、游人活动区域的保护相结合，综合考虑。

古树名木采取直击雷防护时，应充分考虑树木生长增高的因素，防雷装置保护范围应留有保护余量。

不可在古树名木上悬挂通信线缆、低压架空线等金属物件。

在设计施工过程中应考虑树体、木质结构的差异，同时还应考虑树体的根系范围，减少雷电流泄放过程中对古树名木造成的伤害。

古树名木的防雷装置的设置应充分考虑雷电放电过程中对周围人员、设施造成的危害。古树名木附近有大量金属构件、金属设备、架空电源线、通信线时，还应考虑雷击后产生的其他危害。

古树名木低于周围高大建（构）筑物，按《古树名木防雷技术规范》中滚球法计算已处于保护范围之内的，可不在古树名木上单独安装防雷装置。

3.防雷装置

接闪器应满足防雷技术要求，不影响古树名木景观。可选择下列接闪器：独立设置的避雷针、避雷塔；设置于古树名木附近建筑物上的避雷针、避雷塔；设置于树体主干上的避雷针；独立设置的避雷线，应采用镀锌钢绞线作避雷线（图7-44），其截面积不应小于50 mm²。

避雷针、避雷塔的设计，其选材和几何尺寸，应考虑其机械强度、防腐等因素。设置于树体上的接闪器，推荐使用杆式避雷针（图7-45，图7-46）。

图7-45　杆式避雷针

图7-44　安装避雷线　　　　　　　　图7-46　杆式避雷针基础

五、古树名木倒伏紧急抢救

俗话说"老人怕摔跤"，自然界中的古树名木也怕"摔跤"（倒伏）。古树名木由于树龄大、树体生长势逐渐衰弱致使抗逆性差，根生长力减退，固着土壤能力降低；树木主干木质部朽蚀；根颈部腐烂；树冠重心偏离等自身原因及不可预料的外界因素的影响，古树名木极易发生倒伏危害。为此，园林、林业管理部门对古树名木的日常管理工作一定要认真细致，将可能的倒伏隐患降到最低，为古树名木创造良好的生长环境。古树一旦发生倒伏，死亡率极高。下面以太原市晋源区西镇村F149国槐古树倒伏紧急保护工作为例，分析国槐古树倒伏紧急抢救保护的措施。

（一）古树名木倒伏原因分析

古树名木发生倒伏的原因多种多样，有灾害天气、人为破坏、水土流失、土质过度松软、根系受到外力压迫等外界因素，也有自身原因，而自身原因为主要原因。古树名木倒伏的自身原因主要如下：

1. 树体主干木质部严重朽蚀

由于人为、自然等多种原因使得古树名木主干树皮破损或者出现缝隙，木质部暴露并与空气相接触，长期的风吹雨淋，病虫害及微生物侵染等作用下，木质部逐渐腐蚀、酥松、散落、解体，直至出现空洞。主干空洞的产生使得古树名木支撑力显著下降，成为造成古树名木倒伏的最主要内因。国槐木质部很容易发生朽蚀，这可能与国槐的木质有关系。太原市的众多国槐古树几乎都发生了主干木质部朽蚀的问题。

2. 树体内部发生严重蛀干害虫危害

蛀干害虫是造成古树名木倒伏的重要原因之一，蛀干害虫对主干的侵蚀使得木质部千疮百孔，主干的受力结构发生变化，极易在灾害天气下发生断裂倒伏。蛀干害虫是造成油松、侧柏等常绿古树断裂、倒伏的最主要原因。

3. 树体偏冠或冠幅过大超出主干承受力

某些古树名木生长旺盛，树冠迅速增大，树冠生长不均匀，重心偏移发生偏冠，过大的树冠超过了该古树的主干承受力，暴雨、大风天气下极易发生倒伏。

4.根颈部发生朽蚀

古树名木根颈部受到病虫害、污染物等长期侵染，树皮组织坏死，向内继续侵染，木质部也逐渐朽蚀，根颈部朽蚀支撑基础重心偏离，使得古树极易倒伏。

5.根系局部死亡

古树名木根系部分发生死亡，其与土壤的结合力减弱，一旦古树名木树体受到单侧作用力，很可能发生倒伏危害。

（二）古树名木倒伏的类型

1.轻度倒伏

轻度倒伏是指古树名木树干倾斜20度以下。此种情况，古树名木倾斜角度与迎风面相逆，可以不用采取措施；如果相向，就要观察迎风面的根部拉伸强度，如果拉伸强度过大，迎风面古树名木根系有活动趋势，应采取相应逆迎风面堆土等措施。

2.中度倒伏

中度倒伏一般指古树名木树干倾斜30度左右情况。该种情况古树名木必须采取相应的保护措施。根据实际情况有针对性的处理，可以采用支撑、钢筋拉纤、修剪树冠等措施。

3.重度倒伏

重度倒伏是指古树名木树干倾斜40度至60度，根系局部暴露，应采取多角度、多方向支撑，确保古树安全。与此同时，开展逐步根系修剪，坑基回填营养土、扶正踏实操作，逐步扶正。

4.完全倒伏

由于自生或外界原因，古树倒伏60度至90度，根系从土中大部分或完全暴露，根系损伤严重。

5.完全主干折断倒伏

古树名木倒伏60度至90度，根系从土中大部分或完全暴露，根系损伤严重，且古树名木主干或根茎部发生断裂。

（三）古树名木倒伏保护案例分析

1.古树名木倒伏情况

F149国槐古树位于太原市晋源区西镇村某村民家门前，生长势一般。树体主干完全中空。2018年4月西镇村由于旧晋祠路改造，F149古树周围平房被陆续拆掉（图7-47）。7月中旬，由于一次突如其来强烈的大风，且该古树周围原有的遮挡物被拆除，造成该古树从根基部处完全断裂倒伏，属于古树倒伏类型的最严重层次（图7-48）。

2.紧急抢救措施

（1）修剪树冠。先要进行树冠修整。锯掉大部分枝条、减少树叶等。因倒伏造成古树名木根系受损，根系吸水能力大为减弱，此举的目的是减少古树名木自身水分蒸发，保证其根系能留存更多需求的水分。由于该树倒伏程度严重，应最大程度修剪树冠，修剪掉的树冠占原有树冠的95%（图7-49）。要求锯截面平整光滑，截口断面涂抹伤口愈合剂，以利于截面较快愈合。树木伤口涂抹伤口愈合剂，能长期封闭植物的各种大小伤口，防止伤口失水、开裂和染病，促进伤口快速愈合。愈合剂一般含有植物所需的多种营养元素，易被植物吸收，快速激活溶酶，促进细胞分裂，将原生物质活化，使细胞壁增厚，达到伤口愈合的目的。边剪边锯边涂抹，既可防止水分散失，又可避免腐烂病菌浸染，促进愈合。大量试验表明，涂抹树木伤口愈合剂后，腐烂病浸染率为0.1%左右，而因综合管理水平不同，一般在0.1%~0.5%；大剪锯

图7-47　拆迁古树周围房屋

图7-48　古树主干完全折断倒伏

口基本当年即可愈合。修剪时应注意全树较大的剪锯口的数量和位置，尤其是树干上不要存在过多的较大的伤口，否则会对树势造成影响。

（2）根部处理。由于古树名木倒伏，有部分主根及侧根被拔出地面。人工将死亡的根系修剪处理，并将烂根一并清理。将有存活迹象的根系按照原有位置填埋。整理过程中应将发生位置移动的根系缓缓归于原位。

（3）对古树名木树体进行清理、修补和防腐。该树树干原本空洞程度严重的，木质部基本全部朽蚀。对树皮内侧残存的木质部截面涂抹环氧树脂或桐油防腐，树干外露木质部也一并防腐处理。

（4）树立起该古树名木，由于该古树名木已经完全倒伏，按照就地保护的原则，紧急在原位置树立起古树名木，要求树立后古树名木主干的位置与未倒伏前保持一致，为保证树立的长久性需要对该古树名木树干四周树立硬支撑（图7-45）。

（5）清理现场，将有碍于古树名木生长恢复的垃圾砖块彻底清理，留足空间。

（6）在古树名木周围紧急树立铁艺围栏，防止二次受损。铁艺围栏根据现场情况，周长为12米（图7-50）。

（7）根部浇灌消毒剂、生根剂。

3.抢救后现状

施工单位严格按照《古树修复方案》执行，经过分叉点截枝重修剪、清理烂根、吊

图7-49　重度修剪，根部堆土

图7-50　支撑及围栏

图7-51　抢救古树现状

车吊装古树名木复位、堆土栽植、刚性材料支撑加固等一系列措施，倒伏古树名木已完成抢救性修复。为防止其他因素干扰生长，工作人员还在古树名木周边设置隔离栅栏。经过两年时间的日常精心养护和细致管理，原本认为大概率死亡的F149国槐古树竟然奇迹般地从根茎部重新生出两个枝条并长出叶片，开始新的生长（图7-51）。

4.施工过程中的注意事项

（1）抢救时间把握。古树名木抢救时间非常重要。抢救不可过于急迫，操之过急很可能引起古树名木的二次伤害，对古树名木生长势恢复极为不利。根据有关资料表明，古树名木倒伏抢救需等待5~7天后方可进行。植物本身都有抗逆能力，古树名木一旦发生严重的危害，自身都会通过一系列的生理活动来抵消危害。例如会产生大量的酶类物质，帮助愈合伤口，恢复机能。如果立即进行保护，很可能打破古树自我保护的生理调节，造成严重负面影响，对古树名木树势的恢复是极为不利的。从这里可以看出，抢救古树名木如同抢救摔倒的老人，不能立即扶起，应当静待一段时间后方可采取措施拯救。以F149国槐古树为例，在接到抢救通知后，首先采取的措施是立即对树冠大幅度修剪，树冠整理完成后7天才进行根部处理、树立古树及其他保护措施。

（2）根部保护操作。该古树名木倒伏，现场一片狼藉，根茎部完全折断，大量的主根由于巨大的外力作用，许多主根被拉扯出地面，一部分主根发生严重位移，须根错位。根据这种现实情况，我们采用了保守护根的方法，拉扯出地面、破损严重的主根逐一修剪，未拉扯出地面的主根取土掩埋；发生位移的主根，先用湿布包裹，缓慢恢复原位，再取土掩埋；须根尽量保留，将其充分平展后，取土掩埋。取土掩埋根系不可用力踏实，防止二次伤害。在清理根部的时候，不能浇灌，也不能喷施生根液，防止湿度过大可能造成的烂根。根部保护不能采用机械，只能用人工慢慢操作，尽最大的努力保护古树名木的根系。

第八篇　古树名木安全评价

　　每年全国都有许多古树名木在大风、暴雨等恶劣天气下，主干或主枝发生劈裂，甚至有时在没有任何征兆的情况下古树名木也会突然发生断裂，造成重大的生命和财产损失。许多生存年代久远的古树名木，树干完好，没有破损，外面看着是好好的，可里面的'心'早都空了，这样的古树名木具有很大的安全隐患，也很容易引起火灾。如何不损伤古树名木并检测其树体内部是否存在空洞或木质部发生朽蚀是关键所在。

　　古树名木树体健康状况检测及风险评估目前已经成为园林行业研究的一个热点问题。古树名木管理单位热切希望能有简单的办法，在不损伤树体的基础上，检测古树名木主干是否有大的空洞、内部朽蚀程度、是否开裂等的内部情况。在没有电子设备的年代，检查树木需要用锯子把主枝锯开，才能大致了解树木的内部情况，至于主干情况则没有任何检查办法。随着时代进步，木材研究领域出现了红外线检测法、超声波检测法、核磁共振检测法等检测方法，上述方法虽然不损伤树木，但因为设备太昂贵，设备体积庞大，操作程序复杂而难以推广。目前，综合性价比最高且使用最为广泛的就是应用应力波原理的木材无损检测仪（木材无损检测仪于2007年成功研发）。Resistograph阻抗图波仪是国外常用的无损伤树洞探测设备，虽价格昂贵，但既能测定树木内虫蛀、蚂蚁危害、空洞、腐烂程度等，又能检测树龄。美国、德国、新加坡、日本等发达国家已在古树名木保护中有所使用。

　　无损检测又称非破坏性检测，是利用材料的不同物理力学性质或化学性质在不破坏目标物体内部及外观结构与特性的前提下，对物体相关特性（如形状、位移、应力、光学特性、流体性质、力学性质等）进行测试与检验，尤其是对各种缺陷的测量，无损检测的最大特点是既不破坏树木的原有状态，又能在短时间内连续获得检测结果，检测树木内部本身存在空洞或腐朽，分析在风力、大雨或其他外界因素的作用下的立木安全性。立木的安全性主要是由于立木本身存在空洞或腐朽，或者是根部受到破坏时，在外界因素作用下产生损害、破坏的可能性。最近几年，国外关于树木无损伤检测及立木安全这两个方面的研究比较多，并且已经出现了相关技术标准和操作规程。目前，国内还没有建立起完善的树木安全性评估体系，现有的评价体系缺乏科学设备检测数据支撑，多依靠树木外观及经验进行评估，园林及林业部门在对古树名木及树木进行保护施工作业时缺乏相应的技术标准和操作规范，又不能完全参照国外的评估标准，导致很多工作开展困难。

一、仪器与检测方法

检测仪器：ArborSonic2D/3D检测仪（包括检测箱和工具箱）和树木缺陷成像软件。

ArborSonic 2D/3D检测仪（包括检测箱和工具箱）和树木缺陷成像软件组成，用于检测树木内部缺陷情况，广泛适用于古树名木、行道树等活立木的内部缺陷检测和定位。产品使用时，在被测木材的横截面上安装检测传感器，然后用锤子依次击打每个传感器，从而获得各个传感器之间的应力波传播数据。检测仪将数据传给配套的树木缺陷成像软件，成像软件根据获取的数据进行木材横截面缺陷的断层成像。

多功能传感器作为发送并接收声学脉冲信号，通过软件及选出测量值并将其转化为彩色图表，受损或者空洞部分在图表中显示为红色，健康部分呈现绿色。仪器的功能及特点如下：

（1）产品可设定木材截面需安装传感器的个数，最多为12个传感器。

（2）产品可显示应力波传播时间，在检测过程中可实时观察检测数据。

（3）树木缺陷成像软件可记录各个检测点之间的应力波传播数据、应力波传播线段图和木材内部缺陷图像。

（4）产品可以打印检测情况报告单，将树木截面缺陷成像情况输出。

二、测量前准备

（1）各个传感器的距离=同一水平的树木周长÷传感器个数

（2）传感器数量选择要适当，小型树可能只要求较少数量，而大型树需要较多数量。

三、测量过程

（1）将传感器缚在树上，通过分析软件输入各个传感器的位置。

（2）通过连接缆线将传感器、电脑等相互连接起来，激活分析软件。

（3）用锤子依次击打每个传感器，从而获得各个传感器之间的应力波传播数据。

（4）显示分析结果，分析结果可存储或者打印。ArborSonic检测仪的分析程序将树干横截面不同的声导特性以不同的颜色表示出来，即深色（绿色以及棕色）代表高声导速区域，即健康木质部。其他颜色（红色、紫色、蓝色至浅蓝色）代表低声导速率区域，即受损木质部或者空气。

四、分析统计

根据现场古树名木树洞情况、生长势、树木材质和树冠统计和判断古树名木树体健康状况。下面以太原市为例来说明。

太原市园林科创服务中心选取太原市12株古树名木作为研究对象，这些古树名木主干从外部观察都很完整，没有任何破损迹象，且这些古树名木地理位置特殊，位于街道、小区、寺庙等处，人流相对集中（参见表8-1），古树名木主干健康状况检测非常必要。

表8-1 试验对象古树情况统计表

序号	编号	位 置	树种	长 势 情 况
1	B017	杏花岭区三墙路省总工会门前南侧	国槐	该古树长势差。该树位于街道中央,树池高出路面约70cm,严重的干旱是该古树长势逐渐衰微的主因;而病虫害也是该古树长势衰弱的原因之一。
2	D051	小店区体育路长风街口	国槐	该古树长势一般,叶色正常,只是枝叶逐渐稀少。该古树立地环境相对较好。
3	E018	尖草坪区三给村沙河街	国槐	该古树位于居民生活区平房旁边,虽有树池保护,但是周围堆有大量的垃圾及煤堆,长势不佳。
4	F023	晋源区晋祠镇镇花塔村关帝庙	国槐	该古树位于关公庙门外,目前该古树长势旺盛。
5	F034	晋源区姚村镇西邵村张氏宗祠	国槐	该古树位于张氏祠堂西侧,紧靠墙根,周围堆有砖块及大量的生活垃圾。该古树已经严重衰微,分析主要原因是病虫害严重及立地环境差所造成。该树主干曾经由于修房被土深埋,且地下土中留有大量的煤渣及石灰。
6	F035	晋源区姚村镇西邵村文殊寺院中	侧柏	该树位于文殊寺院中,旧时翻修院落堆土造成垫高明显。目前,该古树长势衰微,枝叶极其稀疏,叶色偏黄。
7	F113	晋源区赤桥村	侧柏	该树长势中等,叶色基本正常,只是枝叶开始变得越来越少。该树位于居民院中,周围杂物凌乱。经过土壤剖面观察,土壤中含有大量的煤渣和石灰。立地环境差是该树逐渐衰微的主因。
8	A022	迎泽区柳巷皇华馆	国槐	该古树位于城市繁华地段,紧邻树体是违章建筑和铺有沥青的街道,距树体不足1m是下水道口,污水横流。该树长势极其衰微。立地环境差是该树生长衰微的最主要原因。
9	E024	尖草坪区柏板村东头街	国槐	该国槐周围是垃圾场,污染严重,夏季国槐尺蠖严重。立地环境极差是该树长势不佳的最主要原因。
10	E004	尖草坪区杜家村8号院中	国槐	该国槐古树位于居民院中,虫害严重。

序号	编号	位　置	树种	长　势　情　况
11	D052	小店区许坦西街公路局宿舍	侧柏	该古树长势极其衰弱,枝叶逐渐回缩,叶色发黄,濒临死亡。该树主要问题是附近刚完成房屋翻修,地下环境遭到严重的破坏,根系受损严重。此外,严重的蛀干害虫是树势衰弱的另一主因。
12	E045	尖草坪区南固碾村千寿寺	侧柏	该古树长势旺盛,树干通直,暂未发现蛀干害虫。该古树长势旺盛主要是周围没有高大建筑,向阳性好,且周围地面没有硬化,土壤容重适宜侧柏古树生长。

根据ArborSonic检测仪探测结果如表8-1可以得出:通过对太原市5个城区具有典型特点的12株国槐和侧柏古树树洞探测(参见图8-1)发现,12株古树主干全部具有空洞(参见图8-2)。腐烂率为ArborSonic检测仪探测断层横截面中腐烂部分面积与总面积之间的比率,该比率越大,说明该古树树干该断层横截面积腐烂程度越高。从表8-2可以得出,国槐古树的腐烂率明显高于侧柏古树,国槐古树的腐烂率平均值为59.79%,而侧柏古树的腐烂率平均值只有33.28%。这可能与古树木质有着直接关系,国槐和侧柏木质都属于硬质木材,质地坚硬不易磨损,但国槐木材含水量远高于侧柏,腐生菌及蛀干害虫更容易侵染国槐,造成国槐木质部,尤其是髓首先腐烂,依次波及木

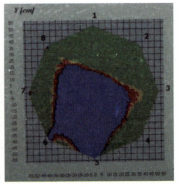

图8-2　软件显示空洞位置及大小

图8-1　树洞探测操作

质部及韧皮部，直至树皮。同样，当古树某一部分破损，雨水及腐生菌也会进入树体内部，国槐朽蚀的速度也快于侧柏。腐烂程度与树龄有着密切的关系，年代越久远，古树腐烂程度越高；古树主干腐烂程度同时与周围生存环境、人类活动也有着密切的联系，具体表现在周边环境复杂的古树，其空洞腐烂的程度就会相对较高，这是由于病虫害、较高的温度、较大的湿度、人为损害等条件加速了树体主干的朽蚀。

表8-2　古树树洞探测情况统计表

序号	编号	树种	胸径(cm)	冠幅(m)	探针数量	探测高度(cm)	空洞情况	腐烂率(%)
1	B017	国槐	128	7.2×5.8	10	125	有	52.4
2	D051	国槐	77	5.7×6.9	8	130	有	64.8
3	E018	国槐	106	8.5×8.1	8	130	有	75.9
4	F023	国槐	135	14.2×12.8	10	140	有	48.9
5	F034	国槐	118	8.3×6.1	8	160	有	51.3
6	F035	侧柏	124	5.7×5.2	10	150	有	32.8
7	F113	侧柏	49	4.6×5.5	8	150	有	26.7
8	A022	国槐	136	13.3×10.8	10	130	有	55.2
9	E024	国槐	109	9.2×7.5	8	140	有	84.4
10	E004	国槐	89	10.3×11.8	8	140	有	45.4
11	D052	侧柏	97	6.2×6.3	8	150	有	31.2
12	E045	侧柏	108	8.4×7.8	8	150	有	42.4

　　结合 ArborSonic 检测仪探测断层横截面中腐烂部分的位置、腐烂率、木质性质与该古树树冠枝条分布情况，是否有保护措施等情况可以初步分析该古树是否存在安全问题。如果古树树洞位置对应相同方向的树冠偏大（即该方

向上树木枝叶数量过多），很可能存在大风及雷雨等恶劣天气下发生树干劈裂危及行人安全的事故隐患。依据发生事故可能行的大小，对上述12棵古树划分危险隐患等级：一级（严重安全隐患），二级（一般安全隐患），三级（轻度安全隐患）四级（近期无安全隐患），得出以下结论，参见表8-3：

表8-3 古树危险隐患等级划分情况统计表

序号	编号	树种	胸径(cm)	冠幅(m)	腐烂率(%)	树冠偏离状况	现有保护措施	危险隐患等级
1	B017	国槐	128	7.2×5.8	52.4严重	严重	无	一级
2	D051	国槐	77	5.7×6.9	64.8严重	严重	无	一级
3	E018	国槐	106	8.5×8.1	75.9严重	一般	无	一级
4	F023	国槐	135	14.2×12.8	48.9较重	严重	无	一级
5	F034	国槐	118	8.3×6.1	51.3严重	严重	有两个支撑和3股拉纤	四级
6	F035	侧柏	124	5.7×5.2	32.8较重	一般	无	三级
7	F113	侧柏	49	4.6×5.5	26.7一般	一般	无	四级
8	A022	国槐	136	13.3×10.8	55.2严重	严重	有3个支撑	三级
9	E024	国槐	109	9.2×7.5	84.4严重	严重	有2个支撑	二级
10	E004	国槐	89	10.3×11.8	45.4较重	严重	有2个支撑和2股拉纤	三级
11	D052	侧柏	97	6.2×6.3	31.2较重	一般	无	四级
12	E045	侧柏	108	8.4×7.8	42.4较重	一般	无	三级

五、小结

（1）古树名木生长年代久远，一般情况下树体主干都会有空洞，应加强古树名木主干的保护，加强其主干的牢固度，例如架设支撑和安装围箍。

（2）留足古树名木生长空间。目前，很多古树名木的生存空间不断受到人为原因的挤压，生存空间越来越小，一旦树体主干朽蚀严重发生倒伏，必将引起严重的后果。位于道路和居民区附近的古树名木尤其需要引起特别注意。

（3）加强古树名木日常修剪工作。对于那些树冠庞大，周围缺少大风遮挡的古树名木尤其要加强日常修剪工作，不仅减去死枝和枯枝，而且应当每年有计划的回缩树冠，减少发生树枝折断或主干倒伏等意外的可能发生。

第九篇　古树名木智慧信息化管理

一、古树名木智慧信息化管理系统概述

长期以来，古树名木管理工作均采用人工管理方式，费时费力且容易出错。古树名木档案信息资料管理始终处于粗放管理的层面，多使用传统的纸质资料保存归档，这种管理方式存在资料相互独立、准确度不高、实时性不强、查阅不方便等缺陷，给管理者带来极大地不便。伴随着国家各级政府对古树保护的日益重视，如何统筹古树日常养护管理、有效落实并实施管养计划和提高古树名木日常管理水平就成为摆在管理者面前的一个难题，数量众多、分布地点广泛的古树名木保护管理需要与之相适应的管理体系才能完成，这就需要建立现代化的古树名木科学智慧化管理系统。

随着我国信息化技术的发展与进步，网络技术、数字技术、物联网技术开始在社会各行业和社会生活中全面应用。智慧城市园林系统（又名智慧园林）建设大潮方兴未艾，它是运用"互联网+"思维和物联网、大数据云计算、移动互联网、信息智能终端等新一代信息技术，与现代生态园林相融合建立智慧园林大数据库。古树名木智慧信息化管理技术利用GIS技术把各方面的人力、物力和财力充分联合起来，通过分工协作，充分发挥联机优势，把各项信息资源收集后存储到数据库。将GIS技术应用到古树名木保护中，极大地提高了古树名木信息管理的水平和服务质量。

古树名木智慧信息化管理系统功能强大，该系统依托地理信息系统（Geographic Information System，简称GIS）引擎、北斗定位、4G/5G通信、物联网等先进技术，明确古树名木管养任务，采集、整理、汇总、分析古树名

木各类数据，具有管养人员在线监管、土壤墒情监测、病虫害防治、日常工作管理、管养单位绩效考核和古树名木基础数据存档等功能，实现古树名木日常管理工作的精细化。GIS技术通过数字化的手段将古树名木基本信息、养护信息及立地条件进行有效的管理，可以及时准确地了解古树名木生长状况，并且实现通过大量的数据分析出古树名木的生长养护规律，为管理人员提供第一手决策资料，也可以为古树名木保护规划编制、保护方案制定、保护施工技术措施选择和应急抢救保护等提供准确的数据支持，也可对濒危古树名木进行24小时实时重点监控，当古树名木出现异常状况，该系统会通过短信第一时间向工作人员预警，提示古树名木哪个方面出现问题，提供建议的保护措施工作。同时该平台建立起部门间数据信息交换和共享机制，与多部门数据互通，实现多部门间协同应用，可对古树名木事件进行统一指挥和协同联动，减少人力成本，大大提高古树名木巡查管理的效率和质量，给古树名木保护信息指令发布、工程建设、养护管理、社会化服务等提供全过程信息化管理综合平台，有力提升了古树名木管理单位及时发现问题、整改问题和快速响应的能力，全面提升古树名木的精细化管理水平。

二、古树名木智慧信息化管理系统主要功能

搭建功能完善、互联互通、信息集成的古树名木信息化综合管理平台，建立并完善古树名木档案信息数据库、管护信息数据库、灾害防控信息数据库等，利用智慧集成系统，实现古树名木动态实时管护、数据汇聚、智能分析、精准监测、灾害预警、养护记录、信息查询等管理功能。推广普及平台应用常态化、基层化，促进古树名木管护水平提档升级。

（一）古树名木信息资料查阅功能

古树名木信息资料内容主要包括：树名、位置、树龄、树高、胸围、胸径、冠幅、生长势、立地条件、权属、管护单位、古树历史传说或名木来历、保护现状以及建议，每株树木图片记录。

（二）古树名木信息资料统计分析功能

汇集古树名木多样化数据，根据树种、株数、分布地区、长势情况、古树名木立地环境、保护等级、树龄等维度形成不同口径的统计报表，将本区域古树名木数据统计结果、报表、分析图等清晰明了地展示出来。提供报表下载功能，使用方便快捷。

（三）古树名木生长环境监测功能

系统利用GIS技术建立古树名木周界远程监控平台，古树周边安装图像视频监拍装置（参见图9-1，图9-2，图9-3），采用拍照定点回传技术，通过

图9-1　安装设备

5G无线通信技术实时获取监控点信息，应用图像智能分析软件自动分析，通过微信/PC端方式，第一时间将相关信息推送给古树名木管理人员，实现重点古树名木24小时不间断监控。此外，该系统对古树名木保护区域范围内的气候环境（气温、空气

图9-2　太原市王家庄村母子槐安装的监控设备

湿度、风力及风向）、古树生长势、病虫害情况、入侵人员、盗伐行为、土壤环境（土壤pH值、土壤含水量、速效磷、速效钾、全氮）动态监测（图9-4）。该系统具有古树名木图像收集整理功能，可以汇总到该古树生长周期内长势变化情况。

图9-3　太原市柳北安装的监控设备

（四）图像智能分析全天候监控报警功能

古树名木监控视频管理，实时查看古树名木生长情况及现场周边环境状况，实现远程巡察（图9-5）。将采集图像进行集中化智能处理，包括人员闯入、滞留、破坏、古树异常、火焰、烟雾等异常图像的分析与识别，并做出报警。智慧监控系统设备与古树名木主干的倾角传感器、风向风速传感器相连接，当遇到大风等灾害天气、人为盗伐或破坏、交通事故，树体倾斜到一定程度，倾角传感器向监控系统发出报警，第一时间提醒工作人员及时采取抢救措施。

（五）古树名木日常巡检监管功能

该系统建立古树名木巡检记录、养护记录、会诊记录等巡检监管功能。做到实时打卡，杜绝日常巡检不到位的管理难题，全面提升古树名木日常养护管理精细化管理水平。通过古树名木智慧化管理系统，管理者可以直接线上发布工作任务，实时监控巡检及保护进度，同时，监管人员能够第一时间将巡查结果或问题反馈给管理者，大大提高古树

图9-5　手机终端显示

图9-5 手机端显示的监控视屏

名木日常巡检工作效率。

　　根据实际情况，养护管理工作人员可以通过电脑、手机端、二维码等方式采集古树名木的动态信息，将录入古树名木的现场信息（如日常巡查记录、树体倾斜状况、灾害天气的危害程度等）发送至古树名木信息化管理系统，及时在系统里进行数据资料分析和预警报告，相关数据能保存并随时调阅。

　　登记古树名木的养护记录，主要包括养护日期、养护人员、负责单位、古树编号、养护类型、养护详情等，上述内容以文字、图片或录像等上传，在系统内自动保存并可随时调阅。

　　登记古树名木的巡检记录，主要包括巡检日期、负责单位、巡检人员、巡检古树编号、存在的问题、处理建议、发送预警等。巡查人员可在移动端实时定点上传古树名木巡查信息，包括古树名木长势和异常情况等图片、文字、视频信息。异常情况上传至古树名木信息化管理系统。巡查人员发现问题及时上传后，后台自动发送预警报告及相关信息通知给相关人员并做及时处理。

三、古树名木智慧信息化管理系统建设内容

（一）建立古树名木基本信息电子档案

1.基本信息管理

古树名木基本信息管理，主要包括树名、详细位置（古树名木所属地区或街道的具体地址、古树名木周围明显标志物、古树联系人及联系方式、经纬度方位等）、生长势现状评价（旺盛、良好、衰弱、濒死、死亡）、树龄、树高、胸围、胸径、冠幅、生长势、立地条件、保护等级、权属、管护单位、古树历史传说或名木来历、保护现状等。

2.古树名木图集

展示管理古树名木的照片资料，以图集的形式浏览查看。

3.古树群管理

收集古树群信息，包含古树群编号、主要树种、株数、面积、树龄、具体位置、现状图片等信息。

4.名木管理

相关名木信息、名木资料及相关内容。

5.古树名木电子地图

根据古树名木经纬度方位，与数字地图相链接形成点式方位地图，提供古树名木数据批量导入导出功能。通过数据分析及数据筛选，结合了可视化功能、GIS技术的数据查询与分析功能。对古树名木现状、分布等进行动态展示（图9-6）。古树名木电子地图通过不同颜色标识出古树名木生长势评价等级，使得管理者直观发现问题古树名木，并及时采取措施加以保护。古树名木电子地图实现古树名木保护与城乡规划的"一张图"管理，当有新的城市建设项目审批时，可以在系统上

图9-6 中央控制显示屏

立即查询到古树名木的位置和保护范围，便于新规划项目合理避让出古树名木的生存空间，实现城市发展与古树名木的协调统一。

（二）建立保护巡检管理信息电子档案

1.古树名木视频

展示管理古树名木视频信息，归类管理古树视频资料。

2.古树名木养护记录

展示古树名木的养护记录，主要包括养护日期、养护人员、负责单位、养护编号、古树名木编号、养护类型、养护详情等。

3.古树名木巡检记录

展示古树名木的巡检记录，主要包括日期、巡检人员、负责单位、巡检编号、古树名木编号、存在问题、处理建议。

4.古树名木会诊记录

古树名木会诊管理，包括时间、会诊主题、古树名木编号、古树名木状况、参与会诊单位、参与会诊人员、会诊意见、处理办法等。相关资料汇总并保存进入系统。

（三）建立古树名木电子标签

为每棵古树名木设立电子标签，使古树名木都会"说话"，这样更有利于人们认识和保护古树名木，维护管理标签信息。

建立古树名木电子标签，不仅是古树名木的身份证，而且通过扫描二维码即可记录巡查人员对其完成巡查工作的打卡签到，可以作为工作实地签到考勤记录，并支持巡查数据实时上传更新。电子标签还具有定位功能，巡查人员依据电子标签寻找巡查对象，精确的导航定位大大提高巡查工作效率。电子标签还含有该古树名木的相关信息，通过扫描二维码便可以方便普通群众了解该古树的信息资料，增长自然历史知识，提高古树名木保护意识。

1.标牌生成

根据建立的古树名木档案，生成标牌信息，打印出来展示在古树名木所在位置，包含该树的二维码、基本信息。

2.网格监管

通过扫描二维码即可表明巡查人员正在对该株古树名木进行巡查，且支持巡查数据实时上传更新。

3.电子标签

为每棵古树名木设立电子标签，使古树的大量信息对社会开放，这样更有利于人们认识和保护古树。

4.定位导航

可定位当前古树位置，与导航软件相兼容，帮助管理人员导航到目标古树名木进行巡查或养护作业。

5.巡查预警

巡查人员可在移动端实时定点上传古树名木巡查信息。包括古树名木长势和异常情况等图片、文字、视频信息。预警功能：巡查人员发现问题及时上传，后台自动发送信息给相关人员及时处理。

（四）建立智慧监控系统

定期对古树名木的生长环境、生长情况、保护现状等进行动态监测和维护管理。

1.报警管理

采集古树名木监控示警信息，进行报警，展示查询、查询报警信息。

2.视频监控

古树名木监控视频管理，实时查看古树名木状况及现场状况，实现远程巡察。

3.生长环境监测

古树生长环境包括大气环境和土壤环境。大气环境包括空气温度、湿度、风力和风向等；土壤环境包括土壤 pH 值、土壤含水量、速效磷、速效钾、全氮动态监测。

4.古树名木分级评价

古树名木生长势整体分级评价管理。

第十篇　古树名木价值评价计算及赔偿

　　近年来，我国对古树名木的保护力度不断加强。1984年9月20日，古树名木保护首次列入《中华人民共和国森林法》专门条款予以颁布实施。2019年发布的《2019年中国国土绿化状况公报》指出，组织完成全国古树名木资源普查。2020年3月20日，最高人民法院、最高人民检察院联合发布《关于适用〈中华人民共和国刑法〉第三百四十四条有关问题的批复》（以下简称《批复》），明确古树名木以及列入《国家重点保护野生植物名录》的野生植物，属于《刑法》第三百四十四条规定的"珍贵树木或者国家重点保护的其他植物"，规定非法移栽珍贵树木或者国家重点保护的其他植物，依法应当追究刑事责任。最高人民法院、最高人民检察院《批复》中明确指出，古树名木以及列入《国家重点保护野生植物名录》的野生植物，属于刑法所规定的"珍贵树木或者国家重点保护的其他植物"。《批复》明确了"非法移栽"的行为性质及其处罚原则，强调对于非法移栽珍贵树木或者国家重点保护的其他植物，依法应当追究刑事责任的，依照《刑法》第三百四十四条的规定，以非法采伐国家重点保护植物罪定罪量刑，即处三年以下有期徒刑、拘役或者管制，并处罚金；情节严重的，处三年以上七年以下有期徒刑，并处罚金。《批复》还指出，根据我国《野生植物保护条例》规定，野生植物限于原生地天然生长的植物。人工培育的植物，除古树名木外，不属于《刑法》第三百四十四条规定的"珍贵树木或者国家重点保护的其他植物"。非法采伐、毁坏或者非法收购、运输人工培育的植物（古树名木除外），构成盗伐林木罪、非法收购、运输盗伐等犯罪的，依照相关规定追究刑事责任。

　　随着全社会对古树、大树日益重视，有关古树名木及大树的突发社会事件引发巨大热议。针对广州市8条市管道路共迁移、砍伐乔木约7182株，其中迁移和砍伐4046株榕树引发的巨大民怨问题，广东省委部署，省纪委监委成立问责调查组，做出"对相关单位和人员存在的履职不力、失职失责问题进行深入调查。坚持依纪依法、实事求是，坚持失责必问、问责必严"决定。2021年12月12日中纪委网站发布《广州市大规模迁移砍伐城市树木事件问责情况通报》，广州市大规模迁移砍伐城市树木（榕树），严重破坏了城市自然生态环境和历史文化风貌，伤害了人民群众对城市的美好记忆和深厚感情，是典型的破坏性"建设"行为，造成了重大负面影响和不可挽回的损失。损失是"不可挽回的"，且"错误严重、教训深刻。"目前广州市10名领导干部受到严肃问责。2022年5月，杭州"西湖柳树移栽事件"成为热点。杭州市市长为此专门向公众公开表示歉意。

关于古树名木价值评价，国内有许多学者从事了相关方面的研究。在2007年北京市市场监督管理局发布《古树名木评价标准（DB11/T478-2007）》，成为国内最早发布实施的有关古树名木价值评估的技术标准。该标准又于2022年重新修订《古树名木评价标准（DB11/T478-2022）》，增加了价值计算公式、保护地范围、调整了常见古树名木种类及按照胸径划分等级标准相关数据，全面完善了古树名木价值评估体系。山西省质量技术监督局2016年3月发布实施了《古树名木评价技术规范（DB14/T 1200-2016）》，从山西省实际出发，制定了相应的古树名木评价技术标准，可操作性强，具有重要的实践价值。

一、古树名木死亡认定

古树名木死亡认定必须由古树名木主管及审批部门审定。申请者应向古树名木主管及审批部门申报古树名木死亡相关手续。古树名木死亡的树体应由古树名木主管部门处置。

古树名木死亡认定需要完成受理、初审、复审、审定、决定书制作、送达六个步骤。

1.受理

申请者应向古树名木主管单位申报如下资料：①《古树名木死亡确认申

请表》；②树位平面图。在平面图上标明树位，树种；③古树名木现状图片（电子版）。

2.初审

受理人员将报送申请材料移送的古树名木主管及审批部门审核人员，然后组织专家审议，并组织现场核查，进行全面审核，填写专家意见。

3.复审

对审核人员移送的申请材料递送至古树名木保护主管审批处室进行审核，填写书面审查意见，与专家意见一并转至审定人员。

4.审定

审定人对该事项进行审定，同意申请，在《古树名木死亡确认决定书》签署审定意见；不同意申请，在《古树名木死亡不予确认决定书》签署审定意见。

5.决定书制作

对经审定后做出确认决定的，填写《古树名木死亡确认决定书》；对审定后未予确认的，填写《古树名木不予死亡确认决定书》。证书填写齐全、准确和规范。

6.送达

送达申请者相关决定书。

二、养护管理投资定额测算方法

（1）古树名木养护管理投资定额的指标因素是古树名木按株计算养护管理投资定额。养护管理投资定额为古树名木每年的常规养护管理所需的基本费用，包含日常养护管理作业过程中产生的直接人工费、水费、农药费、肥料费、机械费、运输费、综合管理费等，不包含安装防雷装置、树体支撑加固、树洞填充修补封堵、围栏以及对衰弱、濒危古树名木采取各项保护复壮措施等产生的工程费。

（2）古树名木养护管理投资定额的计算公式如下：

古树养护管理投资定额=平均树冠投影面积m² ×养护管理定额投资标准

（元/m²年）×级别调整系数。

（3）名木养护管理投资定额按照一级古树的标准执行。

（4）古树名木养护管理投资定额的调整。

随着社会和经济的发展以及新技术、新材料的广泛应用，古树名木养护管理投资定额适时调整。

三、古树名木价值评价

古树名木是受国家法律保护，是不可再生的珍稀植物资源物种。古树名木在因自然灾害或人为活动遭受不同程度的破坏时，应当对其经济价值进行鉴定评估。当前，国家层面还没有出台相关的价值评估标准，只是省级政府相关部门已经出台了管理和保护规定，确定了对其损失价值评估的技术方法，并详细列出了计算公式及算法。

为进一步深入研究古树名木的价值，参照山西和北京两地的古树名木价值评估计算方法，比对会产生什么样的差别，这是非常值得研究的问题。

本书假设一棵树龄500年以上，树围为314cm，坐落地点为城市郊区，生长势衰弱的国槐为例，如果此株国槐古树由于外界某种原因突然死亡，那么会造成多大的价值损失呢？

1.山西省标准计算方法：以国槐古树为例进行价值评估

根据《古树名木评价技术规范（DB14/T 1200-2016）》（2016年5月30日实施，山西省质量技术监督局发布）中规定，古树名木价值计算方法参见以下公式：

$V=B×C×y$ ………………①

其中，V：古树名木基本价值；B：同类树种主要规格苗木胸高断面积单价（元/cm²）；C：古树名木胸高断面积（cm²）；y：古树名木价值系数。

根据2023年太原市苗木市场调查，胸径10cm地栽国槐苗木单价为600元，胸高断面积为$πr^2=3.14×25=78.5$（cm²），则苗木胸高断面积单价B=600÷78.5=7.64（元/cm²），古树名木价值系数y=16（参见《古树名木评价技术规范》附录B），得出：

F（胸围314cm，即Φ=100cm）国槐古树的基本价值

V=7.64×3.14×50²×16=959584（元）

P=V×a×b×c+T·················· ②

其中P：古树名木的实际价值（元）；V：古树名木基本价值（元）；a：生长势调整系数；b：树木级别调整系数；c：生长场所调整系数；T：古树名木日常养护管理成本投入（元）。

根据《古树名木评价技术规范》规定：

生长势调整系数确定如下：

（1）生长势旺盛的古树，调整系数为1.0；

（2）生长势中等的古树，调整系数为0.8；

（3）生长势衰弱的古树，调整系数为0.6；

（4）衰亡的古树，调整系数为0.2。

生长场所调整系数确定如下：

（1）远郊野外，调整系数为1.5；

（2）城市近郊、乡村街道，调整系数为2.0；

（3）县（市、区）、城区，调整系数为3.0；

（4）设区市城区，调整系数为3.0；

（5）自然保护区、风景名胜区、公园、历史文化名园，调整系数为5.0。

树木级别调整系数确定如下：

（1）古树树龄500年以上调整系数为2.0；

（2）古树树龄300~499年调整系数为1.5；

（3）古树树龄100~299年古树调整系数为1.0；

（4）名木调整系数为3.0。

根据太原市财政局《关于下达xxxx年度古树名木保护经费预算指标的通知》及《全国绿化委员会办公室"关于加强保护古树名木工作的实施方案"的通知》（1996年9月10日）的古树名木管理单位日常巡查及管理费用进行估算，该国槐古树累计投入的实际养护管理费用每株树为100000元。

综合以上，该国槐古树生长势为衰弱，其调整系数为0.6；生长地点为城市郊区，其调整系数为2.0；树龄为500年以上，古树等级为一级，其调整系

数为2.0。则该评估国槐古树（一级保护古树）综合价值如下：

国槐古树的实际价值：

P=V×a×b×c+T=959584×0.6×2.0×2.0+100000=2403001.6（元）

2.北京市标准计算方法：以国槐古树为例进行价值评估

根据《古树名木评价标准（DB11/T478-2022）》中规定，古树名木价值计算方法：

古树名木的价值由评价要素计算得出：古树名木的基本价值（也称古树名木的树种价值）、生长势调整系数、树木级别调整系数、树木生长场所调整系数、累计养护管理实际投入等共5个要素计算得出。

基本价值的计算公式：$Bv=\dfrac{P \times D^2 \times Vc}{d^2}$

式中：P：同类主要规格苗木在当年工程造价中的预算价格，单位为元；D：古树名木的胸径（地径），单位为厘米（cm）；V_c：价值系数。常见的古树价值系数按照附录A执行，古树名木国槐的价值系数15；d：同类主要规格苗木的胸径（地径），单位为厘米（cm）。

代入相关数据：

B_V=（600×100^2×15）/10^2=900000（元）

价值计算公式：

V=B_V×G_c×L_c×P_c+Ti

V：价值，单位为元；B_V：基本价值，单位为元；G_c：生长势调整系数，生长正常1，生长衰弱0.8，生长衰弱0.6，死亡0.2；L_c：树木级别调整系数，一级古树为2，二级古树为1，名木为2~4，具有特殊历史价值和特别珍贵的古树名木为3~4；P_c：树木生长场所的调整系数。远郊野外1.5，乡村街道2，县区城区3，中心城区和城市副中心4，自然保护区、风景名胜区、森林公园等自然保护地和历史文化街区、风貌保护区、历史名园及名人故居为5；Ti：累计养护管理实际投入，单位为元。累计计算自1998年8月1日以后的总投入。

综上所述，该国槐古树生长势为衰弱，其调整系数为0.6；生长地点为城市郊区，其调整系数为2.0；树龄为500年以上，古树等级为一级，其调整系数为2.0。则该评估国槐古树（一级保护古树）综合价值如下：

代入数据，得出：

国槐古树的实际价值：

V=900000×0.6×2.0×2.0+100000=2260000（元）

3.两地古树名木价值评估的对比分析

同样的两株古树，按照山西《古树名木评价技术规范（DB14/T 1200-2016）》计算得出该株国槐古树的价值为2403001.6元；而按照北京《古树名木评价标准（DB11/T478-2022）》计算得出的该株国槐古树价值为2260000元，前者的计算价值与后者的计算价值之比为1.0633∶1，价值相差143001.6元。两者差别比较大，产生这种差别的原因分析如下：

（1）山西与北京的古树树种情况有着直接关系。截至2021年统计结果，山西省境内现存古树名木103094株，涉及47科92属175种。主要有柏科、松科、杨柳科、银杏科等，松属、柏木属、柳属、杨属等，银杏、侧柏、油松、国槐、榆树、枣树等。山西省古树名木主要分布在林区、村落等地，城市中的古树名木数量相对较少。城市中的古树名木以国槐为主要树种，例如太原市古树名木数量最多的树种为国槐，有764株，占1377株古树名木总数量的55.48%，是太原市古树名木树种中最有价值的树种。

北京有古树名木4万余株，是全世界古树最多的城市。古树名木30多个树种40449株，其中一级古树5896株，二级古树34553株。北京的古树，以松、柏、银杏和古槐居多。北京古树名木非常集中，主要分布在北京中轴线（7000余株）的天坛、故宫等地，皇家园林颐和园、香山等地，以侧柏、油松等古树为最主要树种，国槐的树种地位相较于侧柏、油松低一些。

正是由于山西和北京的古树名木树种的重要性差异，造成山西省和北京市对国槐古树价值产生差异，山西省《古树名木评价技术规范》对国槐的价值系数为16，而北京市《古树名木评价标准》对国槐的价值系数为15，这是造成国槐古树价值评估出现差异。

（2）在计算古树名木价值的公式中，北京的标准采用价格与胸径的平方比汇算，而山西的标准算法则按照树木单位面积的价值比例汇算，这两种计算方法在数字运算方面并没有产生数值差异。生长势调整系数、树木生长场所的调整系数等取值相同。

所以，真正产生数据差异的原因就是树木价值系数不同所造成的。

四、古树名木破坏赔偿及处罚

根据《太原市古树名木保护条例》（2014年5月1日起实施）第二十四条第（一）项至第（三）项规定：

禁止下列损害古树名木的行为：

（一）砍伐、擅自移植；

（二）擅自处理死亡古树名木；

（三）掘根、剥损树皮；

第二十八条规定：

违反本条例第二十四条第（一）项规定的，由古树名木行政主管部门责令停止违法行为，赔偿损失，并按照下列规定予以处罚：

（一）导致古树名木死亡的，处评估价值五倍以上十倍以下罚款；

（二）擅自移植古树名木的，处评估价值三倍以上五倍以下罚款。

综合以上法规，仍然以本篇古树为例，国槐古树的实际价值2403001.6元，按照《太原市古树名木保护条例》第二十四条第（一）项，处以评估价值的五倍至十倍赔偿，即12015008元至24030016元。由此可以看出：一旦古树名木受到破坏而死亡，犯罪分子应当赔偿金额在千万元以上，处罚力度相当大。

此外，按照《刑法》第三百四十五条：第二款 违反森林法的规定，滥伐森林或者其他林木，数量较大的，处三年以下有期徒刑、拘役或者管制，并处或者单处罚金；数量巨大的，处三年以上七年以下有期徒刑，并处罚金。同样以本篇古树为例，犯罪分子应当被处以三年以上七年以下有期徒刑。

第十一篇　古树名木种质资源保存

古树名木作为林木种质资源的重要组成部分，具有重要的科研、生态、文化和经济价值。保护古树名木就是保护一座优良种源基因的宝库。古树名木的基因图谱有其特殊性，其基因交换和变异比一般树木少，古树名木的基因图谱中往往具有抗衰老长寿基因、抗病虫害基因、抗盐碱基因、抗严寒基因、抗高温基因以及其他有价值的基因资源。

开发古树名木的种质资源是植物生物技术和育种工作的重要课题。古树名木是植物遗传改良的宝贵种质材料，采用其自身及子代做杂交亲本，可通过杂交育种培育新的优良品种；采用现代生物技术进行克隆和改良，可能培育出优异的植物新品种。

古树名木基因资源的保存方式主要有就地保护、异地保护和离体保护三种。

就地保护指将古树名木及其立地生存环境保护起来。通过加强养护管理，改善立地生存条件来保护古树名木的基因资源。

异地保护是指通过建立种质库或种质圃来保存古树名木的基因资源。将各地收集的古树名木基因资源定植于种质库或种质圃中，加以养护、管理，并观察其生长习性。

离体保存是指一种利用嫁接、扦插、组织培养或低温保存技术的方法。通过组培、扦插、嫁接等途径，对原古树名木进行优良基因保留，复制培育出新一代优良性状树木。目前，古树名木离体保存最主要的技术手段就是嫁接和扦插。古树名木的组培技术研究还没有突破，存在许多问题，有待于进一步深入研究。国内在古树名木离体保存及异地保护方面做得最好的是北京园林绿化科学研究院，该院从 2008 年开始至今，通过嫁接、扦插方式对北京、河北乃至全国的重点古树名木进行了无性繁殖，并建立了古树名木无性系保存圃。截至目前，共计繁殖银杏科、杨柳科、豆科、杜仲科、紫葳科、鼠李科、榆科、木兰科、柏科、松科、蜡梅科、桑科、漆树科和七叶树科等14科18种84株古树名木。

一、古树名木的嫁接技术

嫁接是古树名木基因离体保存并扩繁的一个重要方法。古树名木的遗传基因没有发生变化，可以完整地保存下来，通过嫁接可将母本的优良特性遗传给后代。嫁接繁殖具有方法简便快捷，技术简单易操作，成本低等优势。

嫁接方法有三种：枝接、芽接和靠接，其中枝接嫁接法成活率最高，操作简便，嫁接器材也简单，只要嫁接时间合适（太原地区为4月中下旬至5月上旬），选择砧木易离皮，且接穗健壮、无病害，操作方法正确，就能获得理想的嫁接效果。

（一）侧柏古树嫁接技术

侧柏的繁殖技术多采用的是播种育苗，但为了保持古树侧柏的优良基因及优良形状，必须采用无性繁殖。

嫁接古树侧柏采取生长充实、木质化程度高、无病虫害、生长健壮的一年生枝条为插穗，要求基部带有长2cm左右的木质化枝段，总长为5~10cm。用单面刀片将基部正反面各削一刀，削面长1.5~2.5cm。选2~3年生侧柏为砧木，然后把实生苗从苗高的1/3~1/2处剪去，用单面刀片通过茎干的髓心向下切，深度与接穗削面长度相等或稍长2~4cm。砧木切好后，立即将接穗插入砧木接缝中，保证两者形成层对准并紧密接触。然后用地膜条一环压一环从下往上到顶后再往下紧密缠绕，绑紧，最后套上一个塑料袋，外面再套上一个纸袋，待1~2个月后，观察成活与否。如果接穗长出新梢可认为成活。

（二）国槐古树嫁接技术

嫁接繁殖国槐古树多采用枝接。该方法技术简单，速度快，成本低，嫁接成活率高。

为了有效保护太原市唐槐公园唐槐古树的优良基因，太原市园林科创服务中心技术人员于2021年5月上旬对太原市唐槐公园古树进行嫁接扩繁试验，以国槐容器苗为砧木，剪取唐槐古树枝条，经修剪处理后及时进行枝接。

1.砧木的选择

图11-1　古村接穗取样

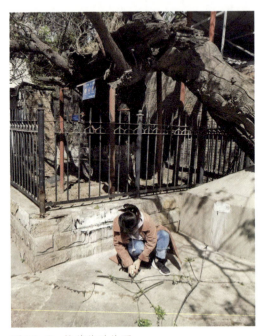

图11-2　接穗临时处理

嫁接唐槐古树的砧木应选择无病虫害、健康的国槐，本次试验选取胸径10cm、干直、树高2.5m~2.8m国槐容器苗。为保证成活率，在嫁接前，应保证砧木水分充足，嫁接时砧木能离皮。

2.穗条选择与处理

本次试验于2021年5月上旬对太原唐槐公园的古树唐槐、D047、D048、D049、D046与狄村社区办的古树进行剪取新生树枝（图11-1）。选择生长充实、木质化程度高、无病虫害、生长健壮的一年生枝条作接穗，粗度1.0~1.5 cm，种条剪成10~15 cm长的枝段，保留2~3个芽，上下剪口均为平口，上剪口距离最上一个芽为0.5~1.0 cm（图11-2），然后对接穗涂抹凡士林后放置4℃冰箱保存，等待嫁接试验。

3.嫁接处理

砧木处理方法：由于国槐砧木木质较硬，干又粗，嫁接前先用锯子锯掉树冠，用刀将砧木切口修平，砧木切口保持新鲜。在砧木树皮比较光滑的方向，用刀在砧木截面边缘横削一刀，并在横削口中间切深达木质部、长度短于接穗大削面的竖切口。

接穗处理方法：在接穗顶芽背面向下削 3～4 cm 长的斜面，切口要平滑，在长削面背面削长 0.5～1.0 cm 的短削面，使接穗下部呈楔形，在楔形两侧轻轻各削一刀，只去掉表皮。

枝接方法：接穗处理完毕，随即将削成楔形的接穗慢慢插入砧木撬开的皮层中，使接穗处于砧木韧皮部和木质部之间（图 11-3）。插时接穗的大削面朝向砧木内侧与木质部密接，注意不能把楔形切面全部插入，再按同样方法插第 2、第 3、第 4 个插穗，每棵砧木嫁接 4 枝插穗，然后用地膜条紧紧扎好。绑缚时，先从下面经上面缠绕砧木截面，要将截面和竖口所有伤口绑缚起来（图 11-4），避免出现伤口裸露，水分流失问题，一旦切口失水，皮层枯死，则嫁接失败。

每棵砧木嫁接 4 枝插穗，枝条成活 3 个以上算成功。太原市园林科创服务中心 2021 年度试验统计结果显示，国槐古树嫁接成活率为 71.88%（图 11-5）。

图 11-3　修剪接穗

图 11-4　嫁接

图 11-5　观察统计

二、古树扦插技术

银杏常用的扩繁方法有播种、扦插、根蘖和嫁接等，太原市园林科创服务中心曾经试图收集银杏古树的种子，但是由于银杏古树年代久远，雌株已经多年没有结出果实，种子扩繁及种子萌发率研究只能作罢。

大量文献资料报道银杏扦插繁殖的生根率与母树年龄有密切关系。如皋市多管局园艺站许映江（2008年）的实验结果表明：中、幼龄树扦插生根率高于老龄树。根据多种资料表明：银杏扦插适用于幼龄树木。浙江省林业学校詹黎明（1981年）采自19年生银杏树上的当年生绿枝，剪成一节一芽一叶的插穗，于7月27日插于下石上砂的通气苗床，并进行薄膜覆盖，竹帘遮阴，每日喷水3次，每10日喷0.5%尿素溶液一次，其成活率达99.3%，每株插穗平均发新根5~6条，平均根长2.75cm。广东省林业科学研究院马光辉（2017年）对银杏雌株插条繁殖研究也得出相同结论。由于基因型及生理状况的差异，不同母树个体上的插穗生根率差异极显著。如在中山陵同为50年树龄母树上所采的插穗，其生根率最高可达73.60%，最低仅为48.10%。山东省郯城县徐庆春曾在春季，将10年生银杏嫁接时切除下来的枝条，插入装有砂和锯末的竹筐中，然后将竹筐吊入水井中，筐距地面3m以下，距水面0.5m左右处，一个月左右，插穗即可发出新根，效果良好。银杏古树扦插可以加快苗木繁育速度和保持品种的优良特性。以往，硬枝扦插的插穗长度多在20cm以上，长者可达35cm，近年来，为节约材料，已改用长5~10cm的插穗，对成活并无影响。对银杏扦插繁殖，多数以3~10年生幼龄银杏枝条为实验材料，对于银杏古树扦插繁殖研究极少。北京园林绿化科学研究院王永格（2012年）对不同树龄（3年生、5年生、30年生和600年生）银杏采用嫩枝扦插试验，结果发现：3年生的银杏嫩枝插穗生根率最高，达到66.7%，而随着树龄的增加，银杏枝条的生根率则明显下降，以600年的古树银杏生根率最低。影响银杏插穗的生根率的主次关系为：树龄>处理浓度>浸泡时间>激素类型。本试验也证明了上述结论，由于银杏树龄较高，银杏植物生理活性较低，雌株银杏古树多年不接果实就是其衰老的证明。

图11-6　银杏插条取样

图11-7　处理插条

2013年8月初，太原市园林科创服务中心试验人员前往晋祠，开展王琼祠前的两株银杏的扦插试验枝条采集工作（图11-6）。本研究以晋祠银杏古树采取硬枝、绿枝两种扦插方法进行扩繁。银杏古树硬枝扦插是应用木质化程度较高的1年生以上的枝条作插穗的一种扦插育苗方法，绿枝扦插即指当年生半木质化新梢扦插。银杏古树硬枝材料以2~3年生为宜，绿枝为当年生枝条顶梢。枝条要求无病虫害、健壮、芽饱满。无论硬枝、绿枝，统一将枝条剪成30~40cm，登记编号，为防止水分蒸腾，迅速将其包裹在湿报纸内，再用塑料袋装好，绑扎结实。

（一）前期准备工作

扦插前，应进一步修剪处理扦插枝条，注意芽的方向不要颠倒，将枝条剪成10~15cm，保留2~3个芽，上端剪口为平口，下端距离芽0.5~1cm处剪成斜口，保证剪口平滑，无撕裂、破损、污物等影响萌发生根的各种因素。叶片保留1~2片，减少水分蒸发面积，保留叶片根据实际情况也要适度修剪（图11-7）。

图11-8　扦插

图11-9　插条生长情况

（二）插床的准备

由于试验材料较少，采用容器插床（长80cm，宽30cm，高40cm）。插床基质为30cm左右厚度的蛭石，该基质在扦插前一周已用0.3%的高锰酸钾溶液消毒，每平方米0.1kg药液，喷药后用塑料薄膜封盖起来，两天后用清水漫灌冲洗2~3次，晾干，备用（图11-8）。

（三）穗条蘸根处理

每10枝一捆，下端对齐，分别浸泡在100ppm、300ppm、500ppm、1000ppm四种浓度的IAA（吲哚乙酸）药液中，分别浸泡0.5h和1h，下端浸入3~5cm。

（四）扦插

穗条扦插深度为其长度的1/3，即4~5cm。扦插时稍挤压使得穗条与基质紧密结合（图11-9）。插后浇透水，并将扦插后的缝隙用蛭石封严。试验地为太原市园林科创服务中心全光雾扦插试验苗床，10min喷水雾一次，时长0.5min。喷水雾时间从早8时至下午6时。

（五）遮阴

银杏古树穗条幼嫩，为防止高温灼伤，可用黑色遮阳网人工搭棚遮阴。

实验结果显示：处理浓度，浸泡时间等因素对银杏古树的硬枝、绿枝穗条扦插生根都没有显著性差异，只有雌株绿枝在500ppmIAA植物生长激素溶液浓度，浸泡时间为1h处理，银杏古树绿枝生根，但是生根率极低，只有16.7%，即银杏古树的硬枝、绿枝穗条扦插方法达不到扩繁的目标手段。

李宇星（2010年）认为在银杏嫩枝扦插试验中枝条有无顶芽是十分重要的，这可能与顶、侧芽中的内源激素含量有关。插穗有无顶芽对插穗生根率有显著的影响，有顶芽的插穗较无顶芽插穗的生根率高1倍左右。

而根据本实验的观察结果来看，银杏古树有无顶芽的插穗对枝条生根没有任何关系。根据观察发现：有顶芽的插穗只是能够依靠自身的营养物质生出2~4片新叶，新叶发黄，无法长大，随着插穗不再生根叶片逐渐枯萎。没有顶芽的插穗也能生出新叶，也一样没有生根而逐渐枯萎。

本试验应用银杏古树硬枝、绿枝扦插扩繁，实验结果表明：由于银杏古树生理活性的降低，上述两者都不适用于扦插。本试验中唯一萌发生根的扦插材料是雌株古树根基部萌生的嫩枝（图11-10）。分析原因是该萌蘖体内含有较多的植物生长的活性物质，形成层的分生组织细胞分裂能

图11-10　扦插生根

力较强。根基部萌蘖的采集要注意以下事项：尽量多保留萌蘖的茎和小的须根。

银杏古树扦插试验表明：银杏随着树龄的增加，插穗的生根率则明显下降，银杏古树无论硬枝、还是绿枝生根率都是极低的。这与许多学者的研究结果一致。根据本试验的结果：银杏古树扦插的最佳材料为其根基部萌蘖。

第十二篇　古树名木科研篇

一、科研项目

1.《太原地区古树名木保健技术研究》（2012年）

调查太原市重点古树名木的生长现状，对古树名木的品种、规格、估测树龄、栽植地点、栽植土壤、养护管理措施、病虫害、生长状况等出具详细地调查和分析总结，以绿量、抗逆性、生长速度、叶片营养等指标，运用生物统计学方法分析不同树种古树名木的差异，并提出保护的可行性方案，总结归纳提高古树名木保护的工程措施和日常养护管理技术。

2.《太原地区古树名木种质资源收集与扩繁技术研究》（2013年）

本课题收集调查太原地区古树名木第一手资料，保留种质资源5种200份。综合运用植物生理学、生态学、植物栽培学、土壤学等学科的理论知识，重点研究太原地区主要3种古树名木树种的繁殖特性、生长发育特点，选定特定时期收集上述树种的种子、半木质化枝条、根基处萌生蘖，采用不同的方法收集保存。根据植物生理学知识，采用不同浓度的化学药品处理种子，播种繁殖。对半木质化枝条、根基处萌生蘖应用不同浓度ABT、NAA等植物激素处理不同时间设置梯度，筛选出最合适的处理方法。开展银杏古树硬枝、绿枝扦插试验工作，本试验的结果：银杏古树扦插的最佳材料为其根基部萌蘖。

3.《太原市城中村改造中的古树保护调查》（2016年）

2013年至2015年，太原已经基本完成中环内37个城中村的改造中的拆除任务。城中村是太原地区古树较为集中的区域，如何安置这些数量众多，价值非常高的古树成为城市建设中一项重要问题。如何借助城中村改造为古树争取未来更好的生存空间和环境，实现古树与城市和谐共处，是摆在太原市园林建设中的突出问题。本课题重点研究了太原市多个地方的古树保护情况跟踪调查，从就地保护、异地移栽两个方面总结了成功与失败原因，并提出解决方案。

4.《太原城区古树名木树体无损伤探测技术研究》（2017年）

古树名木的无损检测和安全性评估是近几年园林部门及树木学专家关注的重点问题。无损伤探测技术是利用应力波在不同材料中的传播速度不一致的原理，在不破坏对象树体前提下，对物体内部相关特性进行检验，尤其是对各种缺陷的测量。借助ArborSonic 3D检测仪（包括检测箱和工具箱）和树木缺陷成像软件，用于检测古树名木内部缺陷情况，检测仪将数据传给配套的树木缺陷成像软件，成像软件根据获取的数据进行木材横截面缺陷的断层成像。通过对太原市5个城区具有典型特点的12株国槐和侧柏古树树洞探测，确定了探测断层横截面中腐烂部分的位置、腐烂率、木质性质与该古树树冠枝条分布情况，是否有保护措施等情况初步分析该古树安全隐患等级。

5.《太原地区古树名木衰弱原因分析及应对研究》（2018年）

本课题收集了近5年的相关资料，结合太原地区古树名木普查调查报告，针对太原地区国槐、侧柏两种最主要的古树名木树种的衰弱原因调查、分析并总结了古树名木衰败主要原因诊断，古树名木保护施工的主要技术要点及保护施工中的成功和失败案例，对未来古树名木保护具有重要的指导性意义。我中心技术人员申报的"多功能古树复壮器"获得国家实用新型专利。

6.《古树保护国内外发展动态研究》（2019年）

古树名木虽是自然之物，但它集合了生态、文化、景观、历史、科研、经济等多元价值于一体，它是大自然赐给人类的宝贵财富。在建设生态文明、弘扬生态文化的城市建设中，它又是城市生态的重要组成部分和城市人文的典型代表。作为不可复制的资源，保护古树名木对城市可持续发展具有重要意义。本课题主要概述我国在古树名木保护方面的研究，以及古树名木保护在国外的研究探索。

7.《太原地区国槐古树扩繁技术研究》（2020—2021年）

从现代基因科学来看，古树所具的抗逆性，必是当今最珍贵的树种基因资源。因此，保存、扩繁古树优良基因工作迫在眉睫。2020年4月下旬我中心技术人员对太原杏花岭区B035、B036与晋源区F001、F002、F006、F145、F146的古树国槐进行嫁接繁育研究。2021年5月上旬对唐槐公园古槐树D045、狄村东街D046、D047、D048，狄村社区D050及家属院古槐树D049共6株国槐古树进行剪取新生树枝嫁接实验。试验采用接穗进行了蜡封，0℃~4℃的低温环境下保存，次日进行嫁接。经统计，古树国槐嫁接试验成活率达78%，保存子代植株47株。在此课题基础之上，研发出国家实用新型专利"一种树木嫁接固定装置"（专利号：ZL 2017 2 1028498.8）。该课题研究有效的保留了这些国槐古树的血脉，保护了古树国槐优良基因库，传承了太原城古槐树的历史文化。一旦原古树发生意外死亡，这些遗留的血脉将会重新回到原母体生活的地方，继续诉说古树的故事。

8.《太原地区（晋源区）古树名木健康状况调查研究》（2020年）

本研究以太原市晋源区的古树名木为主要研究对象，运用层次分析法（AHP）和模糊综合评价法进行健康评价研究。对太原市晋源区的408株古树名木进行现场的调查与拍照，填写古树名木的每木调查表，采集到树高、胸围、冠幅、生长势、立地条件以及特殊影响因子等古树信息。对所采集到的古树名木信息进行系统录入与分析，并运用层次分析法（AHP）和模糊综合评价法，对所研究的古树名木进行健康综合评分。通过专家评分以及调查实验数据等方法，运用yaahp V11.0软件，对古树名木健康评价模型的各项指标进行权重赋值，最后通过模糊综合评价法计算得出太原市晋源区古树名木的健康评价结果。

9.《太原地区（尖草坪区）古树名木生理指标调查研究》（2021年）

本研究以太原市尖草坪区古树名木为研究对象，通过对树木影响生长因子进行比较，区分为古树名木两个一级评价指标，分别是：形态指标和生理指标。其中形态指标部分包括树冠、树干、树皮三个指标；生理指标部分包括叶绿素含量、超氧化物歧化酶、过氧化物酶、过氧化氢酶、丙二醛MDA；共8个评价指标，并以此为依据构建出太原市尖草坪区古树名木健康评价指标体系。通过层次分析法（AHP）和模糊综合评价法构建了一套适用于古树名木健康评价的指标体系，并对太原市尖草坪区现存的古树名木进行了统计与分析。

10.《古树名木智慧信息化管理及应用研究》（2022年）

该课题依托GIS引擎、GPS定位、4G/5G通信、物联网等先进技术，采集并整理分析古树名木基本信息数据，设置管养人员在线监管、土壤墒情监测、病虫害防治、日常工作管理、管养单位绩效考核和古树名木基础数据存档调阅等多种功能，在此基础上建立古树名木智慧信息化管理系统。该系统实现古树名木日常管理工作的精细化，为管理人员提供辅助决策，也可以为古树名木保护计划制订、实施方案编制、古树保护施工和应急抢救保护等提供准确的数据支持；同时平台建立部门间数据信息交换和共享机制，与多部门数据互通，实现多部门间协同应用，可对古树名木事件进行统一指挥和协同联动，减少人力成本，大大提高绿地巡查管理的效率和质量，给古树名木保护规划、工程建设、养护管理、社会化服务等提供科学管理依据，有力提升古树名木管理单位及时发现问题、整改问题和快速响应的能力，全面提升城市园林绿化的精细化管理水平。

11.《太原地区古树名木新型营养棒肥料应用技术研究》（2023年）

"营养棒"是太原市园林科创服务中心"园林绿废生态科创基地"2023年度新研发的肥料营养物，其具有养分含量高，肥力足，肥效长的特性；增加土壤通气、透水性能；改良土壤综合质量，提高土壤微生物活性等突出优点。在中心试验圃地采用营养棒改良白皮松土壤试验取得一定效果的基础上，自主课题《太原地区古树名木新型营养棒肥料应用技术研究》课题组成员前往太原市尖草坪区小留村、皇后园村，吕梁市兴县等地选取多株国槐古树进行"营养棒"施肥效果试验研究。试验采取对照实验方法，通过使用"营养棒"前后的土壤理化性质变化、古树生长势恢复情况，古树植物生理指标测定比对等环节检验"营养棒"的使用效果，为下一步营养棒改良升级做好试验基础工作，用实验数据量化试验效果，为提升太原市古树名木保护科学技术水平，提高古树名木保护复壮成效做出更多的实践与探索。

12.《太原地区古树立地环境及树体健康诊断技术研究》（2023年）

主要通过植物营养、植物生理两个方面试验研究古树生长势情况分析调查。完成30棵古树的土壤指标化验、20棵重点古树（估测树龄500年以上）

树洞探测任务。本课题对提高太原市古树名木保护具有重要的实践意义和参考价值。

13.《太原市（迎泽区）古树名木生理指标技术研究》（2023年）

课题主要对迎泽区50棵古树国槐的叶绿素含量、丙二醛、过氧化氢酶、超氧化物酶、过氧化物酶等指标进行测定。

二、科研成果

（1）2011年12月，太原市园林科创服务中心完成《古树名木保护工作技术手册》编写工作。

（2）2014年3月，太原市园林科创服务中心技术人员在国家级核心期刊《中国园林》上发表论文《太原城区古树名木现状分析与后续资源保护研究》。

（3）2014年9月，在第三十一届全国园林科技信息网会上，太原市园林科创服务中心论文《浅议城市建设中的古树名木保护——以太原为例》被评为优秀论文三等奖。

（4）2016年10月，太原市园林科创服务中心的《太原地区古树保健技术推广应用》项目获山西省农村技术承包奖二等奖（图12-1）。

5.2016年10月，受山西省住房和城乡建设厅委托，太原市园林科创服务中心编订出版山西省园林绿化行业标准规范《古树名木保护技术规程》（图12-2）。

（6）2018年9月，太原市园林科创服务中心技术人员申报的"多功能古树复壮器"获得国家实用新型专利（图12-3）。

（7）2019年11月，太原市园林科创服务中心技术人员撰写论文《太原地区古树树体健康与安全评估技术研究》获2017—2018年度太原市自然科学优秀论文（图12-4）。

（8）2021年12月，太原市园林科创服务中心完成《太原市古树名木日常养管技术手册》的编写工作，形成定稿。

（9）2022年11月，太原市园林科创服务中心完成"太原市古树名木智慧信息化管理系统"建设，达到了国内领先水平。

图12-1　获奖证书

图12-2　省级地方标准

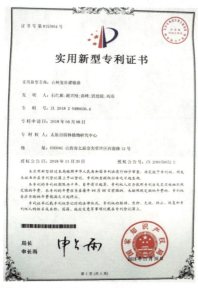

图12-3　专利证书

图12-4　获奖证书

第十三篇　古树名木保护历程篇

太原市园林科创服务中心自20世纪90年代就开始从事古树保护，已经具有三十多年的历史。我中心为加强古树保护工作，先后聘请北京市园林科学研究院古树保护专家李锦龄（图13-1），北京市园林绿化科学研究院总工程师、副院长丛日晨（图13-2）为技术顾问，指导我中心古树保护工作和科学研究。

太原市园林科创服务中心具有多年的古树名木保护经验。自2007年至2021年，太原市园林科创服务中心共完成国槐、侧柏、油松、榆树、桧柏、白皮松、青桐、皂角、玉兰、河柳10个树种621棵/次古树的保护工作，积累了丰富的技术经验，建立了一支人员年龄学历优化、技术稳定成熟的古树保护施工队伍。曾重点参与迎泽西大街C001号古国槐（图13-3）、王家庄村C003周槐、杏花岭区柳北地区数株国槐复壮的保护施工、窦大夫祠堂

图13-1　古树保护专家李锦龄指导工作

图13-2　古树保护专家丛日晨指导工作

图13-3　太原市迎泽西大街改造中古树保护现场

古侧柏病虫害防治及复壮（图13-4）、晋祠博物馆5株特级保护古树土壤环境检测等重要保护工作。

图13-4　窦大夫祠堂防治蛀干害虫缠药树衣作业

表13-1　太原市园林科创服务中心2007—2023年度古树保护主要工作列表

序号	时间	主 要 工 作
1	2007	完成尖草坪区、杏花岭区、小店区共计13株古树保护工作。我中心从北京园林科学研究院古树保护专家李锦龄学习"中草药灌根及埋条复壮方法"。
2	2008	完成尖草坪区、杏花岭区、小店区共计8株古树保护工作，完成万柏林区迎泽西大街C001国槐古树保护工作。5月7日,市园林局组织,我中心邀请北京古树保护专家李锦龄来并,现场指导太原地区古树保护工作,组织召开太原市古树保护专家工作会议。
3	2009	完成尖草坪区、小店区、杏花岭区共计11株古树保护任务。
4	2010	完成尖草坪区2棵、万柏林区2棵、小店区1棵、杏花岭区5棵共计10株古树保护任务。聘请丛日晨博士来并指导古树保护工作。
5	2011	完成尖草坪区9棵、晋源区3棵、万柏林区5棵、小店区1棵、杏花岭区6棵共计24株古树保护任务。此外,增加完成窦大夫祠堂8株侧柏古树养护任务和杏花岭区1棵古树修建草白玉围栏。我中心完成《古树名木保护工作技术手册》编写工作。

序号	时间	主 要 工 作
6	2012	完成市园林局下达10棵古树复壮任务,尖草坪区15棵、晋源区8棵、万柏林区3棵、杏花岭区14棵共计50棵古树保护任务,此外,继续完成窦大夫祠堂8棵侧柏古树养护任务。开展太原市园林局下达的《太原地区古树名木保健技术研究》,形成初期研究成果。
7	2013	完成尖草坪区5棵、晋源区6棵、杏花岭区8棵、小店区2棵、万柏林区2棵共计23棵古树保护任务。完成晋祠博物馆内G003侧柏、G020国槐、G023国槐、G032皂角、G034楸树、G036榆树、G059银杏共7棵古树的土壤化验任务并出具化验报告。继续按计划推进研究《太原地区古树名木保健技术研究》课题。开展太原市园林局下达的《太原地区古树名木种质资源收集与扩繁技术研究》课题研究。在第三十一届全国园林科技信息网会上我中心论文《浅议城市建设中的古树名木保护——以太原为例》被评为优秀论文三等奖。
8	2014	完成市园林局下达的9棵古树复壮任务。完成尖草坪区7棵、晋源区14棵、万柏林区6棵、小店区7棵、杏花岭区12棵、省文管所重阳宫4棵、共计59棵古树保护任务。我中心技术人员在国家级核心期刊《中国园林》上发表论文《太原城区古树名木现状分析与后续资源保护研究》。
9	2015	完成市园林局下达10棵古树的复壮保护任务和2棵古树的综合保护工作、尖草坪区3棵、晋源区14棵、万柏林区2棵、小店区5棵、杏花岭区8棵、迎泽区文瀛公园3棵共计35棵古树保护任务。6月中旬由市园林局组织,我中心邀请北京园林科学研究院丛日晨博士,财政局及六城区古树管理工作人员,实地查看指导太原地区古树保护工作并召开专家座谈会。
10	2016	完成市园林局下达的22棵古树复壮,杏花岭区4棵、尖草坪区2棵、晋源区17棵、小店区1棵、万柏林区1棵共计47棵古树保护计划。此外,完成省艺术博物馆(纯阳宫)10棵古树修剪工作。完成《太原市城中村改造中的古树保护调查》科研课题的研究工作,编写完成课题报告。10月,我中心的《太原地区古树保健技术推广应用》项目获得山西省农村技术承包奖二等奖。从6月至10月,我中心古树保护技术人员全程参与太原市园林局组织的全国第五次古树名木普查工作。本年度受山西省住房和城乡建设厅委托,我中心编订出版山西省园林绿化行业标准规范《古树名木保护技术规程》。

序号	时间	主　要　工　作
11	2017	完成杏花岭区6棵、尖草坪区16棵、晋源区20棵、小店区13棵、万柏林区11棵及晋源古城改建工地1棵共计67棵古树保护任务。开展完成《太原城区古树名木树体无损伤探测技术研究》科研课题。本课题选取太原市晋源区、小店区、尖草坪区共计12株国槐和侧柏作为试验对象,应用 ArborSonic 3D检测仪(基于应力波原理的木材无损检测仪)探测树体空洞,并推测树体主干木质部腐烂程度,科学评价古树树体健康状况,对未来古树保护具有重要的指导性意义。
12	2018	完成财政计划内共计54棵(包括杏花岭区13棵古树、晋源区18棵、小店区6棵及市园林局下达的17棵古树复壮)古树保护任务;此外,又完成计划外共计28棵古树(小店区新增5棵及晋源区新增23棵古树)保护任务。开展《太原地区古树衰弱原因分析及应对研究》课题,本课题收集了近5年的相关资料,结合太原地区古树普查调查报告,针对太原地区国槐、侧柏两种最主要的古树树种的衰弱原因调查、分析并总结了古树衰败主要原因诊断,古树保护施工的主要技术要点及古树保护中的成功和失败案例,对未来古树保护具有重要的指导性意义。我中心技术人员申报的"多功能古树复壮器"获得国家实用新型专利。
13	2019	完成市园林局下达的20棵古树复壮任务,晋源区28棵、万柏林区5棵、小店区3棵、杏花岭区6棵共计59棵古树保护任务。此外,增加复壮及综合保护晋祠工人疗养院F100皂角古树1棵。完成自主研究课题《古树保护国内外发展动态研究》。
14	2020	完成4个城区(杏花岭、晋源、小店、万柏林)和园林局下达的古树复壮任务,共计完成38棵古树保护工作。6月中旬完成市财审对我单位古树保护工程财审绩效考核,成绩良好。通过嫁接开展国槐古树优良基因保存课题研究,嫁接20棵,成活15株,成活率75%;7月14日采集4株古树100余绿枝进行扦插试验,8月6日采集4株古树110个绿枝扦插试验,上述两次试验国槐古树生根率为0。我中心古树保护工作组以晋源区200余株古树为研究对象,历时近半年完成古树保护自研课题《太原地区古树健康状况调查研究》,采用层次分析法(AHP)建立古树名木风险评估框架,通过判断矩阵确定评价指标的权重,由此建立古树名木风险评估模型,将各要素量化后的值与其权重乘积求和的值来衡量古树名木的风险等级。

序号	时间	主　要　工　作
15	2021	完成市园林局及迎泽区、小店区、杏花岭区、万柏林区共计44株古树保护任务。此外增加完成迎泽大街东延五龙口南巷的A083、A084保护，完成第三年度晋祠工人疗养院F109皂角古树养护管理工作。嫁接方式开展唐槐公园6株国槐古树种质资源保留技术研究，完成嫁接32棵，接穗发芽率（每株嫁接4个接穗，成活3个算成活）成活率为71.88%。完成《太原市古树名木日常养管技术手册》的编写工作，形成定稿。开展《太原地区古树健康状况调查研究（尖草坪区）》自主科研课题研究工作。从6月至9月，我中心技术人员参与市园林局组织的全国第六次全国古树普查（主要参与迎泽区、尖草坪区、万柏林区、杏花岭区）工作。
16	2022	完成市园林局及尖草坪区、杏花岭区、万柏林区共计35株古树保护任务。开展《太原地区古树健康状况调查研究（杏花岭区）》自主科研课题研究工作。从6月至9月，我中心技术人员参与市园林局组织的全国第六次全国古树普查（主要参与迎泽区、尖草坪区、万柏林区、杏花岭区）工作。2022年12月，我中心建立的国内最先进、山西省首个古树智慧信息化管理系统正式投入应用。
17	2023	完成市园林局12株古树复壮及保护、尖草坪区4株古树、万柏林区6株古树，共计22株古树保护任务。此外，完成吕梁市兴县高家村唐槐、石楼县裴沟乡永由村特级古树国槐的保护工作。2023年12月，我中心完成了石楼县古树名木普查工作，完成编制《2023年度石楼县古树名木普查研究报告》、"一树一档"档案资料、《石楼县古树名木保护规划（2024年至2030年）》《石楼县古树名木保护实施方案》。开展《太原地区古树健康状况调查研究（迎泽区）》《古树名木复壮新型营养棒技术研究》《太原地区古树名木立地环境及健康状况技术研究》三项自主科研课题研究工作。

参考文献

［1］丛日晨，李延明，弓清秀，等.树木医生手册［M］.中国林业出版社，2017.

［2］北京园林科学研究所.公园古树名木［M］.中国林业出版社，2011.

［3］太原市园林局.2021年度太原地区古树名木普查报告，2021.

［4］季珏，安超，李波茵，伍雍涵.基于文本挖掘的城市园林绿化信息化管理的需求分析方法［J］.风景园林，2019（08）：22—24.

［5］师卫华，季珏，张琰，赵鸣.城市园林绿化智慧化管理体系及平台建设初探［J］.中国园林，2019（05）：42—45.

［6］师卫华，王新文，季珏，郭强，张芳.智能巡管养模式下的开封市智慧园林建设［J］.园林，2019（05）：33—34.

［7］张洋，夏舫，李长霖.智慧公园建设框架构建研究——以北京海淀公园智慧化改造为例［J］.风景园林，2020（05）：17—19.

［8］邱天冲.人工智能与物联网在智慧城市中的应用［J］.电子技术与软件工程，2020（19）.

［9］赵晶，曹易.风景园林研究中的人工智能方法综述［J］.中国园林，2020（05）.

［10］王永明，李东玉，封志明.城市园林绿化智慧化管理体系及平台建设初探［J］.现代园艺，2020（22）：21—23.

［11］丁国胜，宋彦.智慧城市与"智慧规划"——智慧城市视野下城乡规划展开研究的概念框架与关键领域探讨［J］.城市发展研究，2013（08）：34—37.

［12］温博媛.构建生态园林城市 提升街路绿化水平——长春市街路绿化

建设及养护管理模式的初探 [J].现代园艺，2020（18）：20—22.

　　[13] 潘春华.风景名胜中的古树名木 [J].林业与生态，2021（02）：46.

　　[14] 赖钟雄，李焕苓.古树名木基因资源的挖掘与利用 [J].国土绿化，2007（05）：6—7.

　　[15] 高建进.福建专家呼吁建立古树名木基因库 [N].光明日报，2006—03—23（002）.

　　[16] 陈雪丹.浅谈古树名木保护管理 [J].现代园艺，2019（04）：215—216.

　　[17] 张树民.山西古树生态环境调查 [J].山西林业，2014（3）：24—29.

　　[18] 谢兴刚.太原市建成区古树名木资源现状调查分析 [J].太原学院学报（自然科学版），2019，37（02）：17—20.

　　[19] 沈延勤.园林苗木的种实生产技术探讨 [J].科学中国人，2015（30）：64.

　　[20] 黄秀龙.黄金槐形态特征、园林应用及高接换头嫁接技术 [J].中国园艺文摘，2015，31（08）：169—170.

　　[21] 建军，吴保伟，姚小锋.嫁接技术在园林建设中的应用 [J].科技信息，2009（28）：362.

　　[22] 杜常健，孙佳成，陈炜，纪敬，江泽平，史胜青.侧柏古树实生树和嫁接树的扦插生理和解剖特性比较 [J].林业科学，2019，55（09）：41—49.

　　[23] 武海义.保护古树名木就是历史文化最好传承 [N].珠海特区报，2020—08—25（005）.

　　[24] 蒋红星.古树蕴藏深奥的文化基因密码 [N].中国绿色时报，2016—11—15（B03）.

　　[25] 贾仙萍.浅谈杀菌剂在林木上的作用特性和使用方法 [J].内蒙古林业调查设计.2014（05）：23—25.

　　[26] 徐燃.绿化乔木树洞形成原因与处理 [J].新农业，2014（03）：45—46.

　　[27] 闫华锋.城市园林树木的伤口处理及敷料选择 [J].现代农村科技.2013（23）：33—35.

［28］张树民.古树名木衰弱诊断及抢救技术［J］.中国城市林业，2012（05）：53—56.

［29］唐源泉.古树名木保护在生态文化建设中的作用［J］.现代农业科技，2020（06）：135—136.

［30］武海义.保护古树名木就是历史文化最好传承［N］.珠海特区报，2020—08—25（005）.

［31］赖钟雄，李焕苓.古树名木基因资源的挖掘与利用［J］.国土绿化，2007（05）：6—7.

［32］郭国禄.园林苗木的科学生产与发展［J］.现代园艺，2009（03）：22.

［33］沈延勤.园林苗木的种实生产技术探讨［J］.科学中国人，2015（30）：64.

［34］黄秀龙.黄金槐形态特征、园林应用及高接换头嫁接技术［J］.中国园艺文摘，2015，31（08）：169—170.

［35］建军，吴保伟，姚小锋.嫁接技术在园林建设中的应用［J］.科技信息，2009（28）：362.

［36］杜常健，孙佳成，陈炜，纪敬，江泽平，史胜青.侧柏古树实生树和嫁接树的扦插生理和解剖特性比较［J］.林业科学，2019，55（09）：41—49.

［37］武海义.保护古树名木就是历史文化最好传承［N］.珠海特区报，2020—08—25（005）.

［38］蒋红星.古树蕴藏深奥的文化基因密码［N］.中国绿色时报，2016—11—15（B03）.

［39］马艺萌.古树在现代城市居住环境中的运用［J］.青岛理工大学，2011（6）18—20.

［40］郑彩云.试论名木古树保护在生态文化建设中的地位与作用［J］.林业勘察设计，2012（2）：96—98.

［41］邵思梅.云南腾冲名木古树保护的现状与措施［J］.北京农业，2015（9）：93—94.

［42］王自权，钱冲元，萧增新.大莫古镇古树保护现状与对策［J］.绿色科技，2015（5）：174—175.

［43］陈述，左明杰，彭晓娟．临沂市古树名木资源调查研究［J］．现代农业科技，2017（16）：138—140.

［44］焦传兵．青岛市古树名木调查、评价及分级保护［J］．城市园林绿化，2015（8）：18—20.

［45］周凤，温占全，何美．山西省大同市古树调查与保护对策［J］．林业资源管理，2010（6）：82—84.

［46］易绮斐，王发国，叶琦君，等．广州从化市古树名木资源调查初报［J］．植物资源与环境学报，2011（1）：69—73.

［47］段聚佳，吴敏霞，林雪朝，等．温岭市古树名木资源现状调查及管护对策［J］．现代农业科技，2015（11）：188—189.

［48］陈金金，张宜佳，郑天意．北京海淀区古树名木现状调查研究［J］．农技服务，2016（4）：28—29.

［49］邢会文，杜芬芬，贺鹏辉，等．庆阳市古树名木资源调查分析［J］．现代园艺，2016（9）：13—15.

［50］张树民．山西古树生态环境调查［J］．大众标准化，2015（3）：24—29.

［51］刘秀琴．孝义市古树名木的现状调查与保护研究［J］．国土绿化，2015（2）：42—43.

［52］李涛．雅安市古树名木现状调查及保护措施探析［J］．四川省雅安市林业局，2014（5）：98—101.

［53］潘姝慧．大连地区古树名木资源调查初报［J］．辽宁林业科技，2017（2）：44—47.

［54］张捷，谢军，周晓晴，等．哈尔滨市古树名木调查及现状分析［J］．山西建筑，2016（20）：205—207.

［55］赵灿．兴化市古树名木调查分析［J］．现代农业科技，2017（12）：164—165.

［56］徐勇敢．浙江省常山县古树名木生存现状调查及保护措施探讨［J］．甘肃林业科技，2016（4）：46—48.

［57］林丽君．华安县名木古树调查及保护对策研究［J］．科技创业家，

2013（18）：150—151.

[58] 鲁才员，向继云，熊丹，等. 余姚市古树名木资源调查及特征分析 [J]. 福建林业科技，2013（4）：145—151.

[59] 缪雨薇. 西宁市区古树名木现状调查及保护对策 [J]. 青海农林科技，2014（4）：62—63.

[60] 于炜，余金良，钱江波，等. 杭州古树树干空洞状况调查研究 [J]. 西北林学院学报，2014（2）：178—183.

[61] 邱威溶，潘炫宇，邱永彬，等. 台州市古树名木的现状调查与保护对策探析 [J]. 中国林业产业，2016（8）：294—296.

[62] 王志刚. 太原古树名木消亡原因及对策 [J]. 山西科技，2012（6）：121—123.

[63] 郭峰，唐翠平，黄玲. 昆明市古树名木资源调查与研究 [J]. 福建林业科技，2014（4）：110—114.

[64] 安传志，陈会敏，张东坡，等. 清西陵古树保护的调查与思考 [J]. 现代农村科技，2016（9）：39.

[65] 胡佐胜，杨曦坤，刘正先. 长沙市古树名木养护复壮技术 [J]. 科技创新导报，2013（14）：25—27.

[66] 张晖晖. 怀化市鹤城区古树保护研究 [J]. 绿色科技，2014（5）：107—108.

[67] 何素芬，刘军，钟栎. 古树保护与复壮的方法 [J]. 现代园艺，2015（18）：231.

[68] 杜宾. 园林古树保护研究 [J]. 太原学院学报（自然科学版），2016（4）：58—61.

[69] 向见，何博，柏玉平. 古树树洞修复技术探讨 [J]. 现代农业科技，2015（24）：160—163.

[70] 谢兴刚，石红旗. 浅议城市建设中的古树名木保护 [J]. 园林科技，2013（4）：35—37.

[71] 冯立荣，袁剑峰. 中宁县古树名木调查复壮养护管理技术措施 [J]. 林业科技，2017（4）：173.

[72] 赵景奎，生利霞，龙基凤，等. 古树保护与复壮技术——以扬州市为例 [J]. 江苏林业科技，2017（1）：41—44.

[73] 庞彩红，李双云，亓文英，等. 山东省国槐古树资源调查及保存现状研究 [J]. 山东林业科技，2016（4）：56—59.

[74] 粟远和，杨利勋，刘海姣，等. 通道县古树名木分级特点调查与复壮措施 [J]. 绿色科技，2016（23）：82—84.

[75] 苗积广，田松，龚莉茜. 中山公园古树名木复壮技术研究 [J]. 山东林业科技，2013（5）：551—554.

[76] 罗民. 古树名木衰弱原因及其保护、复壮措施 [J]. 现代园艺，2017（1）：232—233.

[77] 高大伟，李霞. 古柳保护和修补技术 [J]. 北京园林，2004（1）：12—13.

[78] 胡莉娟. 济南古树名木保护及其复壮技术探讨 [J]. 中国林业产业，2016（11）：129—130.

[79] 康乐. 北方部分地区古树名木复壮养护技术现状及保护对策研究 [D]. 咸阳：西北农林科技大学学报，2015.

[80] 苗玉慧. 古树名木的主要复壮措施 [J]. 乡村科技，2016（11）：47—49.

[81] 黄金剑. 古树名木的保护管理与复壮技术 [J]. 园林绿化，2016（8）：46—47.

[82] 段新霞，侯金萍. 古树名木的保护措施与复壮技术探讨 [J]. 农业与技术，2015（5）：118—120.

[83] 刘教明. 古树名木复壮及养护技术 [J]. 现代农业科技，2017（5）：141—143.

[84] 叶通，叶旺. 探讨古树名木保护及其复壮技术 [J]. 中国林业产业，2015（6）：56—57.

[85] 顾鸣娣. 古树保护措施研究 [J]. 上海农业科技，2015（1）：112—113.

[86] 左嘉丽. 古树保护常用技术 [J]. 现代园艺，2014（3）：231.

［87］罗伟聪. 古树名木支撑方法浅谈［J］. 现代园艺，2012（4）：90.

［88］汪传友，吴俊，吴贻军. 古树名木弹性支撑杆的设计应用［J］. 广东园林，2015（2）：68—69.

［89］张卉，牛建忠，姜秀玲. 天坛公园古树支撑应用现状研究［J］. 园林科技，2016（3）：39—43.

［90］张正文，吕元兰，何帮亮. 名木古树移栽技术与实践［J］. 南方农业，2012（9）：42—45.

［91］张树民. 古树保护技术研究［J］. 国土绿化，2012（10）：46—47.

［92］刘生俊，张东忠，鲁加博. 古树保护技术探讨［J］. 科技信息，2012（10）：450.

［93］谢兴刚，石红旗. 城市生态环境中古树保护应对策略研究［J］. 中国园艺文摘，2015（10）：79—82

附表 1 太原市古树名木每木调查表

古树编号		县(市、区)		调查号:	
树　种	中文名：　　　　　别名：				
	拉丁名：　　　科　　属				
位　置	乡镇(街道)　村(居委会)　社(组、号)小地名：				
	①远郊野外 ②乡村街道 ③城区 ④历史文化街区 ⑤风景名胜古迹区				
	海拔：　米	经度：		纬度：	
特　点	①散生 ②群状	权　属	①国有 ②集体 ③个人 ④其他		
二维码代码					
树　龄	真实树龄：　年		估测树龄：　年	传说树龄：　年	
古树等级	①一级 ②二级 ③三级		树　高：　米	胸　围：　厘米	
冠　幅	平　均：　米		东　西：　米	南　北：　米	
立地条件	坡向：　　　坡度：　度		坡位：　度	土壤名称：	
生长势	①正常株 ②衰弱株 ③濒危株 ④死亡株		生长环境	①良好 ②差 ③极差	
影响生长环境因素					
现存状态	①正常　　②移植　　③伤残　　④新增				
古树历史					
名木信息	栽植时间		栽植人	类别	①纪念树②友谊树③珍稀树
管护单位		管护人		电话	
树木特殊状况描述					
树种鉴定记载					
地上保护现状	①护栏 ②支撑 ③封堵树洞 ④砌树池 ⑤包树箍 ⑥树池透气铺装 ⑦其他				
养护复壮现状	①复壮沟 ②渗井 ③通气管 ④幼树靠接 ⑤土壤改良 ⑥叶面施肥 ⑦其他				
照片及说明					

调查人：　年　月　日　　　　　审核人：　年　月　日

附表2　古树名木日常养护管理记录表

填表单位：　　　　填表人：　　　　养护管理年度：

古树名木编号		树种			
古树级别		树高(m)		胸径(cm)	
生长地点					
春季养护管理措施					
夏季养护管理措施					
秋季养护管理措施					
冬季养护管理措施					
备　　注					

附表3 古树名木巡查记录表

填表单位：　　　　　　填表人：

古树名木编号				树种		
古树级别		树高(m)			胸径(cm)	
生长地点				管护责任单位(人)		
生 长 势	①正常　②轻弱　③重弱　④濒危　⑤死亡					
树体状况描述						
保护范围内 立地环境描述						
地上保护 措施描述						
地下复壮 措施描述						
异常情况描述(附 照片)	①枝干外伤 ②枝干空洞 ③枝干劈裂、折断 ④树体倾斜、倒伏 ⑤地下伤 根 ⑥根系土壤板结 ⑦危险性病虫害 ⑧其他说明					
应对措施						
落实情况记录						
备 注						

巡查人：　　　　　　巡查时间：

附录一：

古树名木部分法律法规及地方标准

一、国家法律法规及文件

（1）《中华人民共和国森林法》（2019年12月28日第十三届全国人民代表大会常务委员会第十五次会议修订）；

（2）《中华人民共和国环境保护法》（2019年修订）；

（3）《中华人民共和国城乡规划法》（2019年修订）；

（4）《城市绿化条例》（2017年3月1日第二次修订）；

（5）《全国绿化委员会关于进一步加强古树名木保护管理的意见》；

（6）《城市古树名木保护管理办法》；

（7）《中共中央、国务院关于加快推进生态文明建设的意见》；

（8）中共中央办公厅、国务院办公厅《农村人居环境整治提升五年行动方案（2021—2025年）》（2021年12月）；

（9）《国务院办公厅关于科学绿化的指导意见》；

（10）《城市古树名木保护管理办法》。

二、地方法规

（1）《山西省城市绿化实施办法》（现行版本根据2018年05月18日发布的《山西省人民政府关于废止和修改部分政府规章的决定》山西省人民政府令257号修订）；

（2）《山西省城市古树名木和城市大树保护管理办法》（2022年8月1日发布实施）；

（3）《太原市城市绿化条例》（2020年修订）；

（4）《太原市古树名木保护条例》（2014年4月1日山西省第十二届人民代表大会常务委员会第九次会议批准）。

三、地方标准

（1）《古树名木保护技术规范（DB14/T 868–2014）》；

（2）《古树名木养护管理规范（DB14/T 973–2014）》；

（3）《太原市园林绿化养护管理标准（试行）》（2013年，太原市园林局）；

（4）《古树名木普查技术规范（LY/T 2738–2016）》；

（5）《古树名木鉴定规范（LY/T 2737–2016）》；

（6）《古树名木评价标准（DB11/T 478–2022）》；

（7）《古树名木评价技术规范（DB14/T 1200–2016）》；

（8）《城市古树名木养护和复壮工程技术规范（GB/T 51168–2016）》；

（9）《古树名木防雷技术规范（QX/T 231–2014）》；

（10）《古树名木复壮技术规范（LY/T 2494–2015 ）》；

（11）《古树名木生长与环境监测技术规范（LY/T 2970–2018）》；

（12）《古树名木管护技术规程（LT/T 3073–2018）》。

附录一：

太原市古树名木保护条例

第一条　为了加强古树名木保护管理，促进历史文化名城建设和生态文明建设，根据有关法律、法规，结合本市实际，制定本条例。

第二条　本条例适用于本市行政区域内古树名木的保护管理。

第三条　本条例所称古树，是指树龄在一百年以上的树木；名木，是指树种稀有或者具有重要历史、文化、科学研究价值和特殊纪念意义的树木。

古树名木属于珍贵树木。

第四条　市园林、林业行政部门为全市古树名木行政主管部门。县（市、区）园林、林业行政部门（以下简称古树名木行政主管部门）按照人民政府规定的各自职责，负责本行政区域内的古树名木保护管理工作。

住建、城乡管委、财政、国土、规划、文物、绿化委员会办公室等相关部门，按照各自职责协助做好古树名木保护管理工作。

第五条　市、县（市、区）人民政府应当加强对古树名木保护管理的组织领导，并将古树名木保护纳入城乡规划管理。

第六条　市、县（市、区）人民政府应当加强古树名木保护的宣传教育，增强公民保护意识，对在古树名木保护工作中成绩显著的单位和个人给予表彰和奖励。

第七条　公民、法人和其他组织均有保护古树名木的权利和义务，对损毁古树名木及其保护设施的行为有权制止、举报。

第八条　古树名木实行分级保护。树龄在一千年以上的，实行特级保护；三百年以上不足一千年的，实行一级保护；一百年以上不足三百年的，实行二级保护。名木实行一级保护。

第九条　市古树名木行政主管部门应当将树龄在一百年以下八十年以上的树木作为古树后续资源进行保护。

第十条 古树名木由市古树名木行政主管部门组织鉴定，按有关程序确认后，由市人民政府向社会公布。

市古树名木行政主管部门应当对古树名木建立档案，进行动态监测。

古树名木每五年普查一次。

第十一条 市古树名木行政主管部门应当对古树名木设置保护标志，标明编号、名称、学名、科属、树龄、保护级别、管护责任单位、管护责任人以及投诉电话等内容。保护标志以市人民政府名义设置。

第十二条 古树名木实行管护责任制度。每株古树名木应当确定管护责任单位和管护责任人。管护责任人管护费每株每年不少于一千二百元，由市级财政预算列支。

第十三条 古树名木管护责任单位，按照方便、就近的原则确定：

（一）机关、团体、学校、部队、企业、事业单位和风景名胜区、公园、林场、宗教活动场所等单位用地范围内的古树名木，所在单位为管护责任单位；

（二）铁路、公路、水库和河道用地范围内的古树名木，铁路、公路和水务管理部门为管护责任单位；

（三）城镇住宅小区、居民院落的古树名木，所在社区居委会为管护责任单位；

（四）农村村民院落、街道、公共场所、耕地、非耕地等农村集体土地范围内的古树名木，所在地的村民委员会为管护责任单位；

（五）其他范围内的古树名木，由古树名木行政主管部门确定管护责任单位。

第十四条 古树名木管护责任人，按照方便、就近、自愿的原则，由管护责任单位确定。

管护责任人申请或者无法履行管护责任的，可变更古树名木管护责任人。

第十五条 市、县（市、区）古树名木行政主管部门应当明确管护责任单位和管护责任人的责任和义务。

乡（镇）人民政府、街道办事处应当对古树名木管护责任单位和管护责任人进行监督检查。

第十六条　管护责任单位、管护责任人发现古树名木生长异常的，应当及时逐级上报。具有特殊价值的古树名木死亡后，应当保留其原貌，继续加以保护。

第十七条　市古树名木行政主管部门应当组织编制古树名木年度保护计划，制定保护管理技术规范，作为古树名木保护管理的依据。

市古树名木行政主管部门应当培训指导管护责任单位和管护责任人按照保护管理技术规范对古树名木进行管护。

第十八条　市、县（市、区）人民政府应当加强古树名木保护经费投入。除管护责任人管护费以外，还应当列出专项经费用于古树名木保护。专项经费列入本级财政预算，专款专用。

第十九条　因保护古树名木，对有关单位或者个人造成财产损失的，由市、县（市、区）人民政府给予适当补偿。

第二十条　散生古树名木的保护范围为树冠垂直投影向外五米，树冠偏斜的，还应按根系生长的实际，设置相应的保护范围。古树群的保护范围为林沿向外五米。

古树名木保护范围内不得进行与古树名木保护无关的项目建设。

对古树名木保护范围的土壤，应当采取措施保持透水、透气性。

第二十一条　规划部门在编制城乡控制性详细规划时，应当依据保护技术规范合理避让古树名木，并在古树名木周围画出一定的建设控制地带，保护古树名木的生长环境和风貌。

第二十二条　市古树名木行政主管部门应当将古树名木的分布情况，提供给市城乡规划主管部门。对可能影响到古树名木生长的建设项目，城乡规划部门在实施规划许可时，应当书面征得市古树名木行政主管部门同意。

新建、改建、扩建的建设工程影响古树名木生长的，建设单位应当提出并采取避让和保护措施，征得市古树名木行政主管部门同意。管护责任单位或者管护责任人认为施工可能影响古树名木正常生长的，应当及时向古树名木行政主管部门报告。

古树名木行政主管部门可以根据古树名木保护的需要，向建设单位提出相应的保护要求，并进行监督检查。

第二十三条　禁止移植特级、一级保护古树以及名木。

任何单位和个人不得擅自移植二级保护古树。因城市重大基础设施建设，确需移植二级保护古树的，建设单位应当向市古树名木行政主管部门提出申请，经市人民政府批准后实施，并报省古树名木行政主管部门备案。

古树名木的移植，应当由具备园林、林业专业资质的单位进行，移植费用以及五年内的管护费用由申请人承担。

第二十四条　禁止下列损害古树名木的行为：

（一）砍伐、擅自移植；

（二）擅自处理死亡古树名木；

（三）掘根、剥损树皮；

（四）攀树折枝，在树身上敲打、刻画钉钉、架设电线、缠绕悬挂物品或者借用树干做支撑物；

（五）擅自修剪、采摘果实；

（六）在古树名木保护范围内挖坑取土、焚烧、排放烟气、堆放物品、倾倒有害废物废液及融盐雪、埋设管线、搭建建（构）筑物；

（七）在古树名木保护范围内硬化固化地面；

（八）擅自移动或者破坏古树名木保护标志；

（九）损坏古树名木相关保护设施；

（十）其他损毁古树名木的行为。

第二十五条　违反本条例第十六条规定的，管护责任单位和管护责任人发现古树名木生长异常未及时报告的，由古树名木行政主管部门进行批评教育，并责令改正；造成严重后果的，承担赔偿责任。

第二十六条　违反本条例第二十条第二款规定，擅自占用原古树名木保护范围内用地的，由古树名木行政主管部门责令限期恢复，从占用之日起按每日每平方米三十元处以罚款。

第二十七条　违反本条例第二十二条规定，建设单位未按保护要求实施保护的，责令限期改正，逾期不改的，处以每株五千元以上五万元以下罚款。

第二十八条　违反本条例第二十四条第（一）项规定的，由古树名木行政主管部门责令停止违法行为，赔偿损失，并按照下列规定予以处罚：

（一）导致古树名木死亡的，处评估价值五倍以上十倍以下罚款；

（二）擅自移植古树名木的，处评估价值三倍以上五倍以下罚款。

第二十九条　违反本条例第二十四条第（二）项至第（九）项规定的，由古树名木行政主管部门责令停止违法行为、恢复原状或者采取补救措施，并按照下列规定予以处罚：

（一）违反第（二）项规定的，每株处一万元以上三万元以下罚款。

（二）违反第（三）项规定的，处五千元以上五万元以下罚款；

（三）违反第（四）、（六）、（七）、（九）项规定的，处一千元以上一万元以下罚款；

（四）违反第（五）、（八）项规定的，处二百元以上二千元以下罚款。

第三十条　破坏古树名木及其保护设施，违反《中华人民共和国治安管理处罚法》的，由公安机关依法处罚；构成犯罪的，依法追究刑事责任。

第三十一条　古树名木行政主管部门和其他部门工作人员，玩忽职守、滥用职权、徇私舞弊造成古树名木损害或者死亡的，给予行政处分；构成犯罪的，依法追究刑事责任。

第三十二条　古树名木价值评估办法及赔偿标准由市古树名木行政主管部门制定。

第三十三条　本条例自2014年5月1日起施行。

附录二：

山西省城市古树名木和城市大树保护管理办法

　　第一条　为深入践行习近平生态文明思想，切实加强我省城市古树名木和城市大树的保护管理，保护国家重要自然资源和历史文化遗产，以高水平保护推动城市园林绿化高质量发展，根据《城市绿化条例》等有关规定，结合我省实际，制定本办法。

　　第二条　本办法适用于我省城市规划区内的古树名木、古树后备资源和城市大树的保护和管理。

　　第三条　本办法所称古树，是指树龄在100年以上的树木。

　　本办法所称名木，是指国内外稀有的、具有历史价值和纪念意义的或者具有重要科研价值的树木。

　　本办法所称古树后备资源，是指树龄在50以上100年以下的城市树木。

　　本办法所称城市大树，是指除古树名木和古树后备资源外，树龄在20年以上的城市树木，或者胸径在20厘米以上的落叶乔木以及株高6米以上或地径18厘米以上的常绿乔木。

　　第四条　本省对城市古树名木、古树后备资源和城市大树实行分级保护。

　　（一）对名木和树龄在300年以上的古树实行一级保护；

　　（二）对树龄在100年以上300年以下的古树，实行二级保护；

　　（三）对古树后备资源实行三级保护；

　　（四）对城市大树实行四级保护。

　　第五条　省住房和城乡建设厅负责指导全省城市古树名木、古树后备资源和城市大树的保护管理工作；各设区市、县（市、区）城市园林绿化主管部门按职责负责本行政区域内城市古树名木、古树后备资源和城市大树保护管理工作。

　　财政、行政审批、水利、交通运输、生态环境、农业农村、公安、文化和旅游、文物、林业和草原等有关部门按照职责，做好所在地城市古树名木、古树后备资源和城市大树保护管理的相关工作。

第六条　城市古树名木、古树后备资源和城市大树保护管理应当坚持"政府组织、社会参与、统一管理、分别养护"的原则，鼓励社会单位、个人以认养、捐资形式参与古树名木、古树后备资源和城市大树的保护管理，并可在一定期限内冠名、署名。

任何单位和个人都有保护城市古树名木、古树后备资源和城市大树及其保护牌、保护设施的义务，有权制止和举报损害古树名木、古树后备资源和城市大树及其保护牌、保护设施的行为。

第七条　城市园林绿化主管部门对城市古树名木、古树后备资源和城市大树每五年普查一次，进行调查、登记、编号、鉴定、定级、建档，并向社会公布。

鼓励单位和个人向所在地城市园林绿化主管部门报告未登记的古树名木和古树后备资源，经鉴定属于城市古树名木的，应当给予表彰或适当奖励。

第八条　城市古树名木、古树后备资源和城市大树的普查、鉴定、定级、检查、养护、管理、培训等经费应当列入市、县级财政预算。

设区市、县（市、区）人民政府应当设立城市古树名木和古树后备资源保护专项经费，专门用于城市古树名木和古树后备资源抢救、复壮，保护设施建设、维修，以及承担对养护经费有困难者的补助。

第九条　实行一级保护的古树名木由所在地城市园林绿化主管部门组织鉴定，报设区市城市园林绿化主管部门、省住房和城乡建设厅审核，经省人民政府确认后向社会公布，并报住房和城乡建设部备案。

实行二级保护的古树由所在地城市园林绿化主管部门组织鉴定，报设区市城市园林绿化主管部门审核，经设区市人民政府确认后向社会公布，并报省住房和城乡建设厅备案。

实行三级保护的古树后备资源由所在地城市园林绿化主管部门组织鉴定、审核，经同级人民政府确认后向社会公布，并报设区市城市园林绿化主管部门备案。

实行四级保护的城市大树由所在地城市园林绿化主管部门组织鉴定、审核，建立档案。

第十条　城市园林绿化主管部门应当按照"一树一档"要求，建立健全并动态更新城市古树名木、古树后备资源的图文档案和电子信息数据库，至少包括位置、树种、特征、树龄、历史文化、保护现状等信息，动态监测其生长情况和生存环境，加强养护管理。

城市大树建立树木"身份证"电子档案，进行编号登记并采集录入基本信息，包括位置、树种、权属、胸径、立地条件、管护单位、管护人等。

第十一条　城市园林绿化主管部门应当设立城市古树名木、古树后备资源和城市大树保护标牌，标牌应当包括树名（中文名称、学名、科属）、树龄、保护级别、编号、养护责任人、挂牌时间、挂牌单位等信息。对有重要历史价值和纪念意义的古树名木，可另立说明牌。

城市园林绿化主管部门应当根据实际需要，为城市古树名木及古树后备资源设置支撑架、保护栏、防火标志等必要保护设施。

第十二条　城市园林绿化主管部门按照下列规定，确定古树名木、古树后备资源和城市大树的保护范围：

（一）确认为古树名木的，其保护范围为不小于树冠垂直投影外5米且距树干不小于10米；

（二）确认为古树后备资源的，其保护范围为不小于树冠垂直投影外3米且距树干不小于5米；

（三）确认为城市大树的，其保护范围为距树干不小于2米，若为行道树，可缩小距离，但必须大于1.5米。

因实际情况未能满足上述要求的，可由所在地城市园林绿化等主管部门因地制宜确定保护控制范围。

第十三条　对城市古树名木、古树后备资源和城市大树实行养护责任制，按照下列规定确定养护责任单位或者个人（以下简称养护责任人）：

（一）位于城市公园广场、道路附属绿地以及机场、铁路、公路和水利设施等用地范围内的古树名木、古树后备资源和城市大树，其管理单位为养护责任人。

（二）位于机关、部队、团体、企业事业单位和文物保护单位、宗教活动场所等用地范围内的古树名木、古树后备资源和城市大树，所在单位为养护责任人。

（三）位于居住区范围内的古树名木、古树后备资源和城市大树，实行物业管理的，业主或业主委员会委托的物业服务企业为养护责任人；未实行物业管理的，街道办为养护责任人；城镇居民庭院范围内的古树名木、古树后备资源和城市大树，所在庭院范围内的房屋产权人为养护责任人。

（四）位于各类临时征收范围内的古树名木、古树后备资源和城市大树，管理单位或者土地使用单位为养护责任人。

（五）被认养的古树名木、古树后备资源和城市大树，认养期间认养单位或认养人为养护责任人。

根据上述规定仍无法确定养护责任人的，由城市园林绿化主管部门负责组织养护。

第十四条　城市园林绿化主管部门应当书面告知养护责任人相关养护要求，明确养护责任，指导养护责任人按照养护技术规范进行日常养护，并组织专业人员提供技术服务。养护责任人应当加强日常管护，防范和劝阻各种损害古树名木、古树后备资源和城市大树的行为。养护责任人发生变更的，原养护责任人应当及时告知城市园林绿化主管部门。

第十五条　城市园林绿化主管部门应建立巡查和树木安全评估制度，制定巡查和树木安全评估办法，确定专人负责管理，组织专家和技术人员或者通过购买服务的方式定期开展巡查和树木安全评估。根据巡查和评估情况，及时采取相应处理措施。

开展巡查、树木安全评价和专业养护，按照下列规定进行：

（一）一级保护的古树名木至少每3个月检查一次；

（二）二级保护的古树至少每6个月检查一次；

（三）三级保护的古树后备资源和四级保护的城市大树至少每年检查一次。

在检查中发现树木生长有异常或者环境状况影响树木生长的，应当及时采取保护措施。

第十六条　城市古树名木、古树后备资源自然损害或者长势衰弱，养护责任人应当立即报告城市园林绿化主管部门。城市园林绿化主管部门应当自接到报告之日起 5 个工作日内进行处理，必要时组织专家和技术人员现场调查，查明原因和责任，采取抢救、治理、复壮等措施。

城市古树名木、古树后备资源死亡的，养护责任人应当及时报告城市园林绿化主管部门，由城市园林绿化主管部门组织鉴定调查，查明原因并予以注销登记。古树名木和古树后备资源死亡未经所在地城市园林绿化主管部门核实注销的，养护责任人不得擅自处理。

第十七条　严禁下列损害城市古树名木、古树后备资源和城市大树的行为：

（一）在树上刻画、张贴或者违规悬挂物品；

（二）借树木作为支撑物或者固定物；

（三）攀树、折枝、挖根摘采果实种子或者剥损树枝、树干、树皮等；

（四）砍伐古树名木、古树后备资源；

（五）移植名木、二级保护以上古树；

（六）擅自移植、修剪、转让买卖；

（七）擅自移动或者破坏标牌、保护设施；

（八）在保护范围内擅自新建扩建建（构）筑物、非通透性硬化地面、修建道路、挖坑取土、采石取沙、非保护性填土、敷设管线、架设电线；

（九）在保护范围内动用明火、堆放和倾倒易燃易爆、有毒有害污水污物、倾倒冰雪、播撒融雪剂等损坏树木生长的；

（十）其他损害古树名木、古树后备资源和城市大树及其生存环境的行为。

第十八条　城市古树名木、古树后备资源应当原址保护。

凡新（改、扩）建各类建设项目对城市古树名木及古树后备资源的生长空间有不良影响的，应当在规划选址、方案审批等环节明确古树名木及古树后备资源避让和保护要求。

第十九条　因城市重大基础设施建设确需在古树名木保护范围内进行建设施工，给古树名木造成损害的，项目建设单位应当承担相应的复壮、养护费用。无法避让或者无法进行有效保护，确需迁移古树后备资源的，由具体负责行政审批的部门会同城市园林绿化主管部门在工程设计阶段组织专项论证，公开征求公众意见。

项目建设单位应当承担迁移以及5年内的复壮、养护等费用，迁移、复壮、养护等由城市园林绿化主管部门依法委托具有相应专业能力的单位实施。

第二十条　对迁移、砍伐城市大树的申请，由具体负责行政审批的部门会同城市园林绿化主管部门认真核查树木与拟建项目的位置关系和树木影响居住、设施安全等情况。确实影响施工、居住、交通或设施安全且无法避让，但长势正常的城市大树，可批准迁移；因病虫害等因素造成树木长势严重衰退或死亡，或者对城市建设、居住安全、设施安全等有严重影响，且无移植价值的城市大树，可批准砍伐。每砍伐一株须到城市园林绿化主管部门指定地补栽胸径不少于10厘米的树木20株以上。

因同一个工程项目需砍伐城市大树超过两株，或迁移、大修剪城市大树超过10株的，行政审批部门应当会同城市园林绿化主管部门组织专家对其必要性和可行性进行论证，并征求公众意见。

第二十一条　迁移古树后备资源和砍伐、移植城市大树，行政审批部门依法审批后，应将审批结果报原确认单位，以便及时更新名录，由城市园林绿化主管部门报上级备案部门。

第二十二条　县级以上人民政府可以建立城市古树名木保险制度，为城市古树名木购买保险。

第二十三条　在保护优先的前提下可以合理利用城市古树名木资源，并接受城市园林绿化主管部门监督。

鼓励挖掘提炼城市古树名木自然生态和历史人文价值，建设古树名木公园、生态文明教育基地，开展自然、历史、文化教育体验和科普活动，倡导全民保护。

第二十四条　对违反本办法第十六条、第十七条、第十八条、第十九条有关规定的，由行政处罚机关依据《城市绿化条例》《山西省城市绿化实施办法》等视情节轻重予以行政处罚。破坏古树名木、古树后备资源、城市大树及其标志与保护设施，违反治安管理处罚法有关规定的，由公安机关给予行政处罚，构成犯罪的，依法追究刑事责任。

第二十五条　因保护、整治措施不力，或者工作人员玩忽职守，致使城市古树名木、古树后备资源损伤或者死亡的，对相关责任人给予处分，构成犯罪的依法追究刑事责任。

第二十六条　对其他城市树木也应严格保护，砍伐或迁移需依法审批，并按照有关规定到城市园林绿化主管部门指定地补植树木或采取其他补救措施。

第二十七条　本办法自2022年8月1日起施行，有效期5年。

附录三：

太原市历次古树普查结果

一、古树名木调查历史

太原市自1983年第一次开始对市区范围内的古树名木进行摸底、统计并登记备案，自1992年第一次正式开展全国古树名木普查太原地区摸底普查工作以来，截至2021年共计完成全国古树名木普查太原地区调查工作共计6次（表1）。

表1 太原市古树名木调查统计情况表

序号	调查年份	统计数量	备　　注
1	1983年	64株	第一次太原市林业部门普查太原市区范围内古树情况。
2	1987年	129株	第一次太原市林业部门普查太原市3城区(北城区、南城区和河西区)范围内古树情况。
3	1992年	233株	第一次全国古树名木普查太原地区调查，全面普查太原市建成区范围(北城区、南城区和河西区)内古树情况。
4	1997年	325株	第二次全国古树名木普查太原地区(北城区、南城区、河西区、北郊区和南郊区5个城郊区)调查。
5	2002年	483株	第三次全国古树名木普查太原地区(包括迎泽区、杏花岭区、万柏林区、小店区、尖草坪区及晋源区城六区的建成区范围)调查。
6	2007年	518株	第四次全国古树名木普查太原地区(包括迎泽区、杏花岭区、万柏林区、小店区、尖草坪区及晋源区城六区的建成区范围)调查。

续表

序号	调查年份	统计数量	备　　注
7	2008年	586株	新发现累计登记。
8	2009年	734株	新发现累计登记。
9	2012年	936株	第四次全国古树名木普查太原地区（包括迎泽区、杏花岭区、万柏林区、小店区、尖草坪区及晋源区城六区的建成区范围）调查。
10	2015年	998株	新发现累计登记。
11	2016年	1103株	第五次全国古树名木普查太原地区（包括迎泽区、杏花岭区、万柏林区、小店区、尖草坪区及晋源区城六区的建成区范围）调查，太原市现存古树名木及后续古树23科30属34种，古树名木1103株，后续古树171株），其中，常绿类5种、落叶类29种。所有树种中数量最多的为国槐，有663株，占总株数的60.11%，其次是侧柏，有246株，占总株数的22.30%，两树种共占全市古树名木的总株数82.41%；而其余32种仅占总株数的17.5%。被列入特级保护的古树有34株，列入一级保护的古树名木有265株，列入二级保护的古树有804株。
12	2021年	1377株	第六次全国古树名木普查太原地区（包括迎泽区、杏花岭区、万柏林区、小店区、尖草坪区及晋源区城六区的建成区范围，增加古交市、清徐县、阳曲县、娄烦县）调查，发现登记古树名木后续资源735株。太原市建成区范围内共有古树名木1377株，其中古树1368株，名木9株，分属于27科36属41种。

二、2021年度古树普查结果及统计

（一）普查范围

本次普查范围包括太原市"1市3县6区"，即古交市、清徐县、阳曲县、娄烦县、小店区、迎泽区、杏花岭区、尖草坪区、万柏林区、晋源区。

（二）普查结果统计

1.数量统计结果

根据2021年度太原市本次古树名木及后续资源普查共调查古树名木1377

株，后续古树735株，共计2112株，隶属27科36属41种。依据山西省《太原市古树名木保护条例》，应列入特级保护（树龄在一千年以上）的古树有63株，一级保护（树龄三百年以上不足一千年）古树有830株，二级保护（树龄一百年以上不足三百年）古树有484株，其余735株作为后续古树进行保护。数量最多的树种为国槐，有764株，占总株数的36.2%；其次为侧柏，有697株，占总株数的33%，再次为枣树，有332株，占总株数15.7%；以上3个树种共计1793株，占总株数84.90%。除上述3个树种外，株数在50株以上的树种有：榆树、油松和银杏，分别有59株、52株、50株。

本次普查发现古树名木共计1377株，其中名木9株。被列入特级保护的古树名木有63株，占总数的4.60%，比上期增加了29；列入一级保护的古树名木有830株，占总数的60.28%，比上期增加了565株；列入二级保护的古树名木有484株，占总数的35.15%，比上期减少了320株。其余735株后续古树将作为后备资源进行保护，比上期增加了564株。

2. 树种统计结果

调查结果显示，太原市古树名木种类丰富，2112株现存古树名木及后续古树古树名木隶属27科36属41种。其中，裸子植物有7种，被子植物有34种。其中树种最多的科有松科、木樨科、豆科和杨柳科均有3个树种。

较上期普查结果新增了7个树种，共计17株；分别为壳斗科栎属橡树10株，松科雪松属雪松2株，含羞草科合欢属合欢1株，木樨科流苏树属流苏1株，蔷薇科梨属杜梨1株，槭树科槭树属五角枫1株以及苦木科臭椿属千头椿1株。

本次普查新增数量最多的树种为侧柏、枣树和国槐，分别增加了461株、241株和99株。

3. 树龄统计结果

古树中树龄最大的是有着3000年历史的晋祠周柏，目前是晋祠博物馆的镇馆之宝之一。除此之外，另有3株2000年以上的古树分别是：晋祠镇赤桥村约2800年树龄的国槐、晋祠博物馆约2600年树龄的古侧柏和万柏林区东社街道古槐公园树龄约2200年的国槐。树龄1000年及以上的古树中，国槐的数量最多，有37株；其余为侧柏14株，油松5株，圆柏2株，银杏1株和楸树1株。

4. 生长势统计结果

在1377株古树名木中，旺盛及正常生长的古树名木有1088株，占总数的79.01%；生长势衰弱的古树有198株，占总数的14.38%；濒危的古树有31株，占总数的2.25%；死亡的古树有60株，占总数的4.36%。

5. 古树分布情况

树种方面，晋源区树种最全，共有32种，其次为迎泽区有16种，尖草坪区有13种，杏花岭区有11种，万柏林区有8种，小店区有7种，古交市和阳曲县均有6种，清徐县和娄烦县均有3种。

数量方面，晋源区有780株，尖草坪区有594株，迎泽区有197株，小店区有193株，杏花岭区有186株，万柏林区有91株，阳曲县有29株，古交市22株，清徐县12株，娄烦县8株。其中晋源区的古树和后续古树数量最多，占总数的36.93%，其次为尖草坪区，占总数的28.12%；两个区合计占比65.05%；其他8个区、县共占34.95%。另外，晋源区的古树名木最多，有652株。尖草坪区的后续古树数量最多，有483株。

从分布特征看，全市古树名木以散生为主，散生古树名木及后续古树共1455株，占总数的68.89%；其余657株古树及后续古树为群状分布，占总数的31.11%，共形成了4个古树群，均为新增古树群。4个古树群分别为2个枣树群、1个侧柏群、1个国槐群，分别是小店区窑子上村的古枣树群，共有3株枣树，太原植物园古枣树群204株，尖草坪区古槐树群25株、中北大学柏林园的古侧柏群425株。

按生境位置来看，分布于单位团体的古树最多，有585株，占比27.70%；其次为公园和风景区，有558株，占比26.42%；分布在村庄的古树有512株，占比24.24%；分布在寺庙的古树有198株，占比9.38%；分布于道路的古树有134株，占比6.34%；分布在城市居民区的古树最少有125株，占比5.92%。

散生古树中，分布于村庄的古树最多，有509株，占比34.98%；其次为单位团体，有356株，占比24.47%；再次为寺庙，有198株，占比13.61%；分布在道路、公园和风景区、城市居民区的古树较少，分别有134株，133株，125株，占比9.21%，9.14%，8.59%。

6.古树生境情况统计

根据古树名木立地条件和认为干扰程度，将生长环境的状况划分为良好、中等、差3级。1455株散生古树及后续古树中，生长环境良好的有583株，占总数的40.07%，其中古树名木483株，后续古树99株；生长环境中等的有399株，占总数的27.42%，其中古树336株，后续古树63株；生长环境差的有473株，占总数的32.51%，其中古树408株，后续古树65株。如表16所示，4个古树群中，有两个古树群的生长环境状况良好，1个古树群的生长环境中等，1个古树群的生长环境差。

7.古树名木权属情况统计

古树名木权属分3种，为国有、集体和个人。其中权属为国有古树1260株，国有名木4株，共1264株，占总数的59.85%；集体古树有599株，占比28.36%；个人古树有249株，占比11.79%。

附录四：

太原地区古树名木常见病虫害防治月事

　　古树名木常见虫害：蚜虫、红蜘蛛、松针蚧、柏毒蛾、潜叶蛾、叶柄小蛾、双条杉天牛、树蜂等。古树名木病害要早发现，早治疗。

　　（1）3月—4月初春季节，气温回升，要对生长势弱的古柏树封干（缠裹树衣，喷施高效氯氰菊酯），防止小蠹虫、双条杉天牛等产卵，同时也可以设置饵木诱杀害虫。

　　（2）4月中旬—5月，主要防治蚜虫、螨虫等，要求防治工作控制在大面积发生前。

　　（3）5月中旬以后，害虫进入危害高峰期，重点防治蚜虫、螨、潜叶蛾、柏毒蛾等叶片害虫以及叶柄小蛾、双条杉天牛等蛀干害虫。

　　（4）8月中旬—10月下旬，天牛进入羽化期，成虫产卵、幼虫孵化期，古树名木主干喷施2000倍敌杀死封干，每半月一次；亦可以采用毒签、药棉花封堵虫孔。

　　（5）9月中旬，再次使用喷施高效氯氰菊酯防治小蠹虫、双条杉天牛等产卵，同时可以再次设置饵木诱杀害虫。

　　（6）11月，古树名木树干涂白，清理其周围枯枝落叶，人工挖取害虫虫卵。

附录五：

太原市古树复壮成功案例

太原市东辑虎营B034国槐复壮成功案例

太原市窦大夫祠堂E012侧柏复壮成功案例

太原市姚村镇西邵村观音庙F005侧柏复壮成功案例

太原市西镇村抢救倒伏F149国槐成功案例